科技农业
高效农业

青 蒿 栽 培

王良信　陈　君　盛晋华　编著

U0227259

科学技术文献出版社
SCIENTIFIC AND TECHNICAL DOCUMENTATION PRESS
·北京·

图书在版编目（CIP）数据

青蒿栽培/王良信，陈君，盛晋华编著. —北京：科学技术文献出版社，2017.1

ISBN 978-7-5189-2157-7

Ⅰ. ①青… Ⅱ. ①王… ②陈… ③盛… Ⅲ. ①青蒿—栽培技术 Ⅳ. ①S567.23

中国版本图书馆 CIP 数据核字（2016）第 294220 号

青蒿栽培

策划编辑：孙江莉　责任编辑：张丽艳　责任校对：赵　瑗　责任出版：张志平

出　版　者	科学技术文献出版社
地　　　址	北京市复兴路 15 号　邮编　100038
编　务　部	（010）58882938，58882087（传真）
发　行　部	（010）58882868，58882874（传真）
邮　购　部	（010）58882873
官 方 网 址	www. stdp. com. cn
发　行　者	科学技术文献出版社发行　全国各地新华书店经销
印　刷　者	北京时尚印佳彩色印刷有限公司
版　　　次	2017 年 1 月第 1 版　2017 年 1 月第 1 次印刷
开　　　本	850×1168　1/32
字　　　数	80 千
印　　　张	3.75
书　　　号	ISBN 978-7-5189-2157-7
定　　　价	18.00 元

前　　言

随着我国农村种植结构、产业结构调整，市场经济不断发展，以市场为导向进行多样化栽培已成为农业发展的一个重要趋势，受到各地政府部门的高度重视。

最近我国提出在21世纪实现中药现代化，中药材栽培基地化、集约化的目标。为此，我们编写这本《青蒿栽培》，介绍青蒿栽培技术，以引导广大中药材种植者掌握栽培关键技术，提高药材质量，解决生产中遇到的实际问题，取得较高经济效益。

为了使中药材种植者能够提高栽培技术，使中药材栽培规范化，并能制定具体药材生产操作规程（SOP）指导药农和药材基地人员，我们在书中介绍青蒿生长习性知识，同时还介绍了《中药材生产质量管理规范》和制定青蒿生产操作规程的知识。

作者认为，除了掌握栽培技术外，还应在种植过程中注意以下几方面问题。

第一，不要盲目种植。

中药材是一种特殊商品，其价格往往会随着需求量而有较大的波动。有时一种药材价格猛涨，药农会不顾当地实际情况盲目进行引种栽培，结果由于这种中药材不适应当地自然条件，不能获得高产或所产药材质量极差，造成不应有的经济损失。因此，读者一定要根据当地自然环境，选择适合本地区气

候和土壤条件的种类进行栽培。

第二，购买可靠种子和种苗。

当前我国中药材种植尚未规范化、标准化，种子、种苗还没有像农作物那样有较好的优良品种和专门生产种子的公司或种植场，药农大多数是从产地或某些推销商那里购得，购得的种子、种苗往往得不到质量保证。因此，购买种子时要慎重，一定要亲自做发芽率试验，确定发芽率合格再购买。

第三，经常了解市场信息，以销定产。

中药材是一种特殊商品，需要量变化较大，建议在选择品种时，一定要了解产销信息，争取和有关生产或经营药材部门签订产销合同，以免因产品过剩不能售出或价格过低而没有经济效益。

作者在编写本书过程中，除了结合自己科研成果和实践经验外，还参考有关著作和研究论文，在此对相关作者表示衷心感谢！

由于我们实践经验较少，疏漏之处，在所难免，尚请读者在使用过程中提出宝贵意见，并请将意见寄给作者，以便进一步修改和完善。

王良信

2016 年 12 月

目　　录

第一章　概　述

一、青蒿本草考证

《中华人民共和国药典》2015 版（一部）对中药材"青蒿"规定：菊科植物黄花蒿（*Artemisia annua* L.）的干燥地上部分。秋季花盛开时采割，除去老茎，阴干。

青蒿别名：草蒿、草青蒿、草蒿子、臭蒿、臭青蒿、蒿子、酒饼草、苦蒿、三庚草、香蒿、香青蒿、香丝草、细叶蒿。

中医应用青蒿地上部分，用于治疗疟疾、肺结核引起的发热、黄疸、暑热发热及阴虚午后发热。

青蒿素是从菊科植物 *Artemisia annua* L. 干燥叶中提取的。《中国植物志》把这种植物定名为黄花蒿（*Artemisia annua* L.），把植物 *Artemisia apiacea* Hance. 定为青蒿。《中华人民共和国药典》（2015 年版），则把黄花蒿的药材定名为"青蒿"。早在 2006 年，我国著名学者胡世林研究员就在《亚太传统医药》发表了《青蒿的本草考证》一文，明确提出"青蒿即 *Artemisia annua* L."同时提出："生药学前辈赵燏黄先生云：'青蒿老则变黄，故呼黄花蒿。'这是对中国医药学和青蒿本草考证的精确论述，遗憾的是一直被搁置。"胡世林指出："青蒿即《中国植物志》的黄花蒿 *Artemisia annua* L."并建议

将 *Artemisia annua* L. 定为青蒿，不用黄花蒿。这样现代名词就和古代本草典籍名词一致。

表 1–1　青蒿 *Artemisia annua* L. 的考证依据

考证依据	本草记载青蒿特征	*Artemisia annua* L. 真实特征	备注
分布与资源	处处有之（弘景、苏颂、李时珍）	广布、常见	与青蒿一致
花期	秋后（苏颂），七八月（阴历，李时珍）	阳历 8～9 月	与青蒿一致
枯萎期	深秋	阳历 10 月	与青蒿一致
头状花序大小	细淡黄，如粟米大（苏颂） 细黄花，大如麻子（李时珍）	直径 1～2 毫米	与青蒿一致
采籽期	八九月采子（苏颂）	阳历 9～10 月	与青蒿一致
气味	细黄花，颇香，味苦（李时珍）	花芳香，味极苦（含青蒿素）	与青蒿一致
截疟	诸多本草均有记载	有效	与青蒿一致
结论	本草记载青蒿正品即 *Artemisia annua* L.，《本草纲目》黄花蒿为青蒿后出异名		

　　现代植物分类学对两种植物的区别，在《东北草本植物志》中有详细的描述，其中符合《本草纲目》记载的特征有：

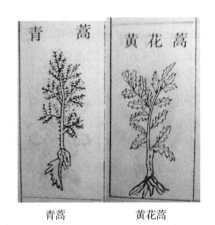

青蒿　　　　　黄花蒿

图 1-1　《本草纲目》中的青蒿、黄花蒿

黄花蒿　　　　青蒿

图 1-2　《东北草本植物志》中的青蒿、黄花蒿

黄花蒿

　　一年生草本。植株有浓烈挥发性香气。根单生，垂直，狭纺锤形。茎单生，基部直径可达 1 厘米，有

纵棱。叶纸质，绿色，三回栉齿状羽状深裂，中轴两侧有狭翅而无小栉齿，头状花序球形，多数，直径1.5～2.5毫米，花深黄色，花果期8～11月。

青蒿

一年生草本。植株有香气。根单一，具匍枝。茎单生。叶两面青绿色或淡绿色，二回栉齿状羽状分裂，每裂片具多枚长三角形的栉齿。头状花序半球形或近半球形，直径3.5～4毫米，花淡黄色。花果期6～9月。

对照李时珍的描述和图，可以断定李时珍的青蒿就是现在的黄花蒿。

我国历来对于中药材就存在一药多名，即同物异名现象。就青蒿而言，我们首先确定，在我国古代本草典籍中，对青蒿都有哪些记载。

古代最先出现"青蒿"字样，是在《尔雅·释草》第十三"蒿，菣"下："陆机云：'蒿，青蒿也。荆、豫之间，汝南、汝阴皆云菣。'郭云：'今人呼青蒿，香中炙啖者为菣。是也。'"。

《神农本草经》记载第249种"草蒿，一名青蒿"。

《名医别录》记载："青蒿生华阴川泽。"

《本草经集注》记载："处处有之，即今青蒿，人亦取杂香菜食之。"

《图经本草》记载："青蒿春生苗，叶极细，可食。至夏高四五尺。秋后开细淡黄花，花下便结子，如粟米大，八九月采子，阴干。根、茎、子、叶并入药用，干者炙作饮香尤佳。"

《新修本草》记载："嫩时醋淹为菹，自然香。叶似茵陈蒿而背不白，高四尺许。四月、五月采，日干入药。《诗》云：呦呦鹿鸣，食野之蒿。即此蒿也。"

《本草衍义》记载："青蒿得春最早，人剔以为蔬，根赤叶香。"

《梦溪笔谈》记载："青蒿一类，自有二种：一种黄色，一种青色。本草谓之青蒿，亦有所别也。陕西银绥之间，蒿丛中时有一两窠，迥然青色者，土人谓之香蒿。茎叶与常蒿一同，但常蒿色淡青，此蒿深青，如松桧之色。至深秋余蒿并黄，此蒿犹青，其气芬芳。恐古人所用，以深青者为胜。不然，诸蒿何尝不青？"

《本草纲目拾遗》记载："青蒿，二月生苗，茎粗如指而肥软，茎叶色并深青。其叶微似茵陈，而面背俱青。其根白硬。七八月开细黄花颇香。结实大如麻子，中有细子。"

青蒿作为一种传统中药，在中国用于治疗包括疟疾在内的多种疾病，其临床应用已经超过 2000 年。有关青蒿治疗疟疾的记载，李时珍在青蒿【主治】中没有记载，但在【附方】中有详细记载：

疟疾寒热

《肘后方》："用青蒿一握，水二升，捣汁服之。"

《仁存方》："用五月五日天未明时采青蒿（阴干）四两，桂心一两。为末。未发前，酒服二钱。"

《经验方》："用端午日采青蒿叶（阴干），桂心等分。为末。每服一钱，先寒用热酒；先热用冷酒，发日五更服之。切忌发物。"

温疟痰甚，但热不寒

《仁存方》："用青蒿二两（童子小便浸焙），黄
　　丹半两，为末。每服二钱，白汤调下。"

李时珍在《本草纲目》中还提到黄花蒿："黄花蒿，臭
蒿，一名草蒿。此蒿与青蒿相似，但此蒿色绿带淡黄，气辛臭
不可食，人家采以罨酱黄酒曲者是也。"在【主治】项，没有
治疗疟疾内容。

图1-3　青蒿药材

二、形态特征

一年生草本植物。主根单一。茎直立，茎高30～150厘
米，人工栽培超过250厘米，上部多分枝，无毛。叶两面青绿
色或淡绿色；基生叶与茎下部叶三回羽状分裂，有长叶柄，花
期叶凋谢；中部叶长圆形、长圆状卵形或椭圆形。头状花呈黄
绿色，直径1.5～2.5毫米，极多数，密集成大型带叶的圆锥
花序，总苞球状，苞片2～3层，萼片覆瓦状，头状花松散地

排列在由许多两性花组成的圆锥花序中，边缘雌性花，柱头伸向位于中心的花，小花淡黄色，皆为管状，18～25朵。中央为两性花，30～40朵，均能结实。两性花和雌花花冠为筒状合瓣花，前者花冠顶端成5裂，后者2～3裂，花托光滑，非膜质，三角形。柱头2裂，5个雄蕊都具2室花药，并且朝向中央的小花与花冠底部相连，每个雄蕊顶部都长有披针形附属物，与花冠裂瓣相间排列。花粉粒相对光滑，风媒花。子房基生，单室，结一枚长1毫米瘦果。瘦果长圆形至椭圆形，长约7毫米，无毛，每克3万粒以上。花期7～10月，果期9～11月。

图1-4 青蒿形态图（陈君摄）

三、药材性状特征

1. 干燥地上部分

茎呈圆柱形，上部多分枝，长30～80厘米，直径2～6毫米；表面黄绿色或枯黄色；有纵脊；质微硬，易断，断面中央

有髓。叶互生，暗绿色或褐绿色，卷皱，易碎，完整叶为三回羽状深裂，裂片及小裂长方形或长椭圆形，两面皆被柔毛。香气芬芳特异；味微苦。

2. 干燥叶

作为药材使用的青蒿叶，质脆，粉末绿或棕绿色，有青蒿特有的香气。味微苦，有清凉感。显微镜下观察可见上、下表皮细胞形状不规则：脉脊上的表皮细胞为窄长方形，不定式气孔微突出于表面。叶表面密布非腺毛和腺毛，非腺毛多集中在中脉附近，多为 T 形毛，其臂细胞横向延伸或在叶柄着生处折成 V 形。叶柄由 3～8 个细胞组成，单列，基部柄细胞较大，约为其他细胞的 2～3 倍。臂细胞易脱落。腺毛呈椭圆形，常充满淡黄色挥发油，两个半圆形分泌细胞相对排列。

四、资源分布

青蒿广泛分布于温带、寒温带及亚热带地区（主要为亚洲）。它源于中国，主要分布在欧洲的中部、东部、南部及亚洲北部、中部、东部。不过，北非、亚洲南部及西南部等地也有分布。此外，青蒿自亚洲北部传入北美洲之后，在加拿大和美国广泛分布。

目前少数国家正大面积种植青蒿，如中国、肯尼亚、坦桑尼亚和越南。印度及非洲、南欧、南美一些国家有小面积栽培。

我国野生青蒿分布于吉林、辽宁、河北、陕西、山东、江苏、安徽、浙江、江西、福建、河南、湖北、湖南、广东、广西、四川、贵州、云南等省（区）。生长于山坡、山地、林缘、草原、半荒漠及砾质坡地。

目前我国南方不少省市进行青蒿种植。2014 年资料显示，种植较多的市县有：重庆市酉阳县、丰都青蒿种植基地，广西壮族自治区丰顺县、融安县、靖西县，广东省梅州市，湖北省恩施土家族苗族自治州，湖南省道县，四川省安岳县等。

青蒿素含量随产地不同差别极大。除我国的少数地区以外，世界绝大多数地区生长的青蒿中青蒿素含量都很低（≤1‰）。我国青蒿中青蒿素含量从南到北呈递减趋势。广西、贵州、四川等省（区）青蒿资源丰富，青蒿素含量较高。

钟凤林等人调查福建厦门青蒿，青蒿素含量为 1.60%。钟国跃等对贵州铜仁、湖南华容、四川酉阳等地青蒿资源进行了大规模调查研究，经测定，上述各地青蒿中青蒿素含量分别为：0.8357%、0.4224% 和 0.8853%。江苏高邮盛产青蒿，青蒿素含量仅为 0.09%~0.16%。陕西凤县青蒿中青蒿素的含量为 0.196%~0.230%。内蒙古东北地区青蒿资源丰富，青蒿素含量仅为 0.12%~0.17%。

图 1-5　青蒿种植基地（陈君摄）

五、青蒿素的发现

1964 年，毛泽东主席作出批示，周恩来总理下令，研制抗疟新药。

1967 年的 5 月 23 日，周恩来总理再次就研发抗疟新药问题作出批示，成立了"中国疟疾研究协作项目"，由于当时的政治原因，把这个项目叫作"523 项目"。

1969 年，原中国中医研究院加入"523 项目"，经过查阅本草典籍，找出出现频率较高的抗疟中草药或方剂。其中，青蒿提取物有明显抗疟效果，对鼠疟原虫曾有过 60%~80% 的抑制率。

1971 年，屠呦呦受东晋葛洪《肘后备急方》中"青蒿一握，以水二升渍，绞取汁，尽服之"的启发，认为高温有可能对青蒿有效成分造成破坏，从而影响疗效。于是，降低提取温度，由乙醇提取改为用沸点更低的乙醚提取，结果发现，乙醚提取法提取物对于鼠疟和猴疟抑制率均达到 100%。

1972 年 3 月，全国"523 办公室"在南京召开中草药专业组会议，屠呦呦代表中药研究所报告青蒿对鼠疟原虫近期抑制率可达 100% 的实验结果。此后参与"523 项目"的云南省药物研究所、山东省中医药研究所开始着手利用当地植物资源，分别开展分离有效单体的研究。

1972 年，从中药青蒿中分离得到抗疟有效单体，命名为青蒿素，对鼠疟、猴的原虫抑制率达到 100%。此后，经过两年研究，广东、江苏、四川等地用青蒿素和青蒿简易制剂临床治疗疟疾 2000 例，其中青蒿素治疗 800 例，有效率 100%；青蒿素简易制剂治疗 1200 例，有效率在 90% 以上。

1973 年，经临床研究取得与实验室一致的结果，抗疟新药青蒿素由此诞生。

1986 年，青蒿素获一类新药证书，双氢青蒿素也获一类新药证书。

根据以上描述，青蒿素为一类新药，在《中华人民共和国药典》二部（2015 年版）列入 1159 号，为化学药。

20 世纪 90 年代非洲疟疾状况恶化，约 90% 的疟疾致死病例发生在非洲撒哈拉南部地区，其中绝大部分是 5 岁以下的儿童。导致疟疾发病率和死亡率持续升高的诸因素中，最重要的一个因素是：恶性疟原虫对传统抗疟药如氯喹、长效磺胺（SP）、克疟喹的普遍耐药性。多重耐药恶性疟在东南亚及南非肆虐横行。

自 2001 年起世界卫生组织向所有发现耐药性的国家推荐使用联合疗法，以此取代传统的单一疗法；恶性疟疾首选疗法为抗疟药联合使用青蒿素衍生物疗法——以青蒿素为基础的复方制剂疗法（ACTs）。因此，全球包括青蒿素衍生物在内的抗疟药市场目前正迅速扩展，对青蒿素的需求量也在日益增长。

六、青蒿化学成分与药理作用

1. 化学成分

青蒿的化学成分可分为挥发性成分和非挥发性成分。挥发性成分主要为挥发油，含量为 0.2% ~ 0.25%，其中以莰烯、β-莰烯、异蒿酮、左旋樟脑、β-丁香烯和 β-蒎烯为主，约占挥发油总量的 70% 。此外还含有蒿酮、1，8-桉精油、樟脑、枯茗醛等成分。非挥发性成分主要包括倍半萜类、黄酮类以及

香豆素类，另外还含有蛋白质（如 β-半乳糖苷酶、β-葡萄糖苷酶）和类固醇类（如 β-谷固醇、豆固醇）。

青蒿所含的倍半萜类化学成分有：青蒿素、青蒿甲素、青蒿乙素、青蒿丙素、青蒿丁素、青蒿戊素、青蒿酸、青蒿内酯、青蒿醇和环氧青蒿酸。

2. 药理作用

青蒿在中国有很长的药用历史，在其他国家也有多种应用。青蒿有清热解疟，祛风止痒功效。用于伤暑、疟疾、潮热、小儿惊风、热泻等症。

（1）抗疟活性

《中华人民共和国药典》收录的青蒿适应证为：疟疾寒热；功效为：截疟。青蒿素的药理作用是抗疟。青蒿素对鼠疟、猴疟、人疟均有抗疟作用，对侵入红细胞的疟原虫有直接杀灭作用。抗疟原理主要是抑制疟原虫表膜—食物泡膜、线粒体膜系细胞色素氧化酶的功能，直接杀灭疟原虫。

青蒿素是从青蒿叶提取、分离而得到的一种倍半萜内酯环内过氧化物，作为抗疟药使用。

青蒿素衍生物，目前认为蒿甲醚、蒿乙醚（蒿乙醚、β-蒿乙醚）、青蒿醇（二氢青蒿素、β-二氢青蒿素）和青蒿琥酯的药效较强，约为青蒿素的 5 倍。

青蒿素类化合物对恶性疟原虫及间日疟原虫均有效，包括多重耐药虫株。目前有关此类化合物对其他两种人类疟疾寄生虫（三日疟原虫和卵形疟原虫）疗效的资料较少，但它们似乎对这些寄生虫也有效。这类化合物可迅速杀死疟原虫红内期的裂殖体（血中无性繁殖体），此期表现疟疾的临床症状（由于血中裂殖体增殖所致）。青蒿素类化合物对配子体也有一定疗效（此期原虫对叮咬疟疾感染者的蚊子具有传染性），但对休眠体无效，后者寄生在肝脏，能够导致间日疟和卵形疟的复发。

（2）抗菌作用

试验表明，青蒿水煎液对表皮葡萄球菌、卡他球菌、炭疽杆菌、白喉杆菌有较强抑菌作用，对金黄色葡萄球菌、绿脓杆菌、痢疾杆菌、结核杆菌等也有一定抑制作用。青蒿挥发油在0.25%浓度时，对所有皮肤癣菌有抑菌作用，在1%浓度时，对所有皮肤癣菌有杀菌作用。

青蒿素有抗流感病毒作用。青蒿酯钠对金黄色葡萄球菌、福氏痢疾杆菌、大肠杆菌、卡他球菌、甲型和乙型副伤寒杆菌均有一定抗菌作用。青蒿中的谷固醇和豆固醇亦有抗病毒作用。

（3）抗寄生虫作用

青蒿乙醚提取物、稀醇浸膏及青蒿素对鼠疟、猴疟、人疟均呈现显著的抗疟作用。体外培养提示，青蒿素对疟原虫有直接的杀灭作用。青蒿素作用于疟原虫红细胞内期无性体膜相结构，此外对核内染色体亦有影响。由于食物泡膜发生变化，阻断了疟原虫营养摄取，使疟原虫迅速发生氨基酸饥饿，形成自噬泡，并不断排出体外，使泡浆大量损失，内部结构瓦解而死亡。青蒿素对间日疟、恶性疟及抗氯喹地区恶性疟均有疗效高、退热及原虫转阴时间快的特点，尤其适于抢救凶险性疟疾，但复燃率高。

此外，青蒿尚有抗血吸虫及钩端螺旋体作用。

（4）解热作用

青蒿注射液对百、白、破三联疫苗致热家兔有明显解热作用。

（5）免疫作用

小鼠足垫试验、淋巴细胞转化试验、免疫特异玫瑰花试验和溶血空斑试验 4 项免疫指标观察青蒿素免疫作用，发现青蒿素对体液免疫有明显抑制作用，对细胞免疫有促进作用，可能具有免疫调节作用。静脉注射青蒿素 50～100 毫克/千克能显著提高小鼠腹腔巨噬细胞吞噬率和吞噬指数。青蒿素还可提高淋巴细胞转化率，促进细胞免疫作用。青蒿琥酯可促进 TS 细胞增殖，抑制 TE 细胞产生，阻止白细胞介素及各种炎症介质的释放，从而起到免疫调节作用。

（6）对心血管系统的作用

家兔心灌注试验表明，青蒿素可减慢心率，抑制心肌收缩力，降低冠脉流量。静脉注射有降血压作用，但不影响去甲肾上腺素的升压反应。静脉注射 20 毫克/千克青蒿素可抗乌头碱所致兔心律失常。

（7）其他作用

青蒿琥酯能显著缩短小鼠戊巴比妥睡眠时间。青蒿素对实验性硅沉着病有明显疗效。蒿甲醚对小鼠有辐射防护作用。

（8）毒性

青蒿素急性毒性试验中，小鼠灌胃青蒿素 LD_{50} 为 4223 毫克/千克，治疗指数 47.1，安全系数为 13.7。采用猫、犬、家兔、豚鼠、大鼠、小鼠等动物，青蒿素给药途径为灌胃、肌内注射、腹腔注射等，剂量为 100～1600 毫克/千克，连续给药 3～7 天，观察给药前后一般状态、食欲、体重、心血管系统、肝肾功能的变化，以及各主要脏器病理组织学改变。结果当剂量相当于临床用量 70 倍时，未见犬、猫、兔、豚鼠、大鼠等动物心血管系统、肝肾功能有异常变化，仅小鼠每天灌胃青蒿素 800 毫克/千克组给药后 4 天出现谷丙转氨酶一过性升高。

青蒿素亚急性毒性试验中，狗、大鼠应用相当临床用量的70倍时，未见脑电、心电、肝功、血象、蛋白总量、蛋白分类、食欲、生长等有异常改变，仅见狗连续用药21天后非蛋白氮较给药前升高，心、肝、肾等主要脏器病理检查仅显示可逆性病变。小鼠畸胎实验表明，青蒿素不影响正常生育，亦无畸形。诱变性测定结果表明，青蒿素不是诱变剂，无致癌作用。

3. 临床应用

①清暑热、退痨热、截疟。

用法和剂量：6~12克，汤剂基本煎好时加入。

②具有止痛、解热的功效，对红斑狼疮和口腔黏膜扁平苔癣也有疗效。

剂型和剂量如下：

止痛、解热：干燥草药25~30克，汤剂，煎煮时间不超过30分钟，每天服一次，连服7天。

红斑狼疮：以蜂蜜和细研过的青蒿粉末制成丸剂，每天服36~54克，连服2~3个月。

口腔黏膜扁平苔癣：以蜂蜜和细研过的青蒿粉末制成丸剂，每丸9克，每天服4~6丸，连服1~3个月。

③青蒿素类化合物主要用于预防不成熟的血吸虫童虫。临床对照试验发现，蒿甲醚和青蒿琥酯对预防日本血吸虫感染有效。

七、市场需求和栽培经济效益

青蒿素类化合物是由植物青蒿的粗提物衍生而得到的。栽

培青蒿至少需要 6 个月，视终产物成分不同而定，提取、加工和终产物制备则需要 2~5 个月。农业生产并不是难题或制约因素。然而，若不能及时预测药物需求的迅速增长以配合农业生产的增长，将会导致暂时的供不应求。

1. 价格变迁

20 世纪 80 年代野生青蒿叶每公斤 2 元，20 世纪 90 年代每公斤 3~4 元。

2005 年随着世卫组织将青蒿素类列为抗疟药品，青蒿叶价格暴涨至每公斤 22 元。

2006 年种植面积激增，产量过剩，价格跌至每公斤 3 元。

2007—2011 年每公斤价格在 6~8 元。

2012 年涨到每公斤 10 多元。

2013—2014 年回落到每公斤 6~7 元。

2015 年降到每公斤 5 元。

2016 年青蒿统货平均每公斤 3 元，具体见表 1-2。

表 1-2　2016 年青蒿价格

药材	规格	每公斤价格	调查日期	地点
青蒿	统货	3 元	2016 年 10 月 6 日	各地平均值
青蒿	统货	3~5 元	2016 年 9 月 24 日	江西省樟树市
青蒿	统货	3.5 元	2016 年 9 月 16 日	安徽省亳州市
青蒿	统货	1.5 元	2016 年 9 月 15 日	安徽省亳州市

备注：资料选自中国药材市场价格中心。

2. 栽培经济效益

正常年景青蒿每亩可以收入 1000 元左右。

　　例如，2005 年广东省丰顺县汤南镇种植青蒿，每亩产干叶 123.6 公斤，按照每公斤青蒿干叶 9 元计算，总产值 1112.4 元。同时还可以收获青蒿干细枝 181.1 公斤，按照每公斤 0.6 元计算，每亩产值 108.7 元，两项合计一亩青蒿产值 1221.1 元。扣除生产用费 190 元，纯利润 1031 元。

第二章　青蒿生长习性和生长结构

一、青蒿生长发育

青蒿的生育期大约240天。青蒿从播种到枯萎，可分为苗期、分枝期、现蕾期、花期、果期、枯萎期等六个生育期。春季，在气温适宜的情况下，盆播种子5～11天发芽，大田8～16天，发芽率为50%～70%。子叶小，圆形，绿色。发芽后8～15天，第一对真叶出现，16～22天第二对真叶出现。30天左右，叶层高约2厘米，叶5～6片，基部两片匙形、卵形至椭圆形，顶端齿裂或全裂，上部叶呈一次羽状深裂或二次羽裂，以后呈2～3次羽状分裂。60～80天在茎生叶腋内开始长出侧枝，营养期呈一次总状分枝，花期呈二次分枝。

8月上旬花蕾形成，长势茂盛，株高生长停止，9月中下旬花盛开，叶逐渐变黄，茎基部枝叶干枯。9月下旬至10月上旬果实形成，大部分枝叶枯黄，茎生叶脱落，10月下旬至11月果实成熟。茎上部小枝叶及总苞黄绿色，其余枝叶干枯。11月为枯萎期。

二、青蒿物候期

青蒿各生长阶段的长短因种源、栽培技术、产地和生长条件而异。青蒿素含量从出苗开始随着生长时间的延长而增加，到现蕾期前达到最高峰，从花期开始到枯萎期逐渐下降。

世界卫生组织专著《青蒿种植和采收质量管理规范》记载了我国重庆和广西青蒿物候期及特定产地生长状况，见表2-1。

表2-1 青蒿在特定产地的生长状况

生长阶段	中国		越南	肯尼亚坦桑尼亚
	重庆	广西		
种子萌发期	播种后7~10天	播种后8~16天	播种后7~10天	播种后4~10天
第一片真叶期	出芽后7~15天	出芽后8~15天	出芽后7~15天	出芽后4~5天
第二片真叶期	第一片真叶后15~25天	第一片真叶后16~22天	第一片真叶后15~25天	第一片真叶后7天
分枝期	移栽后60~75天	移栽后50~69天	移栽后60~100天	移栽后75天
现蕾期	移栽后170天	移栽后165天	移栽后210天	移栽后180天
花期	移栽后190天	移栽后195天	移栽后240天	移栽后200~210天
果实成熟期	移栽后235天	移栽后230天	移栽后280天	移栽后240天
枯萎期	移栽后260天	移栽后255天	移栽后310天	移栽后250~260天

三、青蒿生长习性

1. 根

青蒿为浅根系植物，主根短，侧根发达，多而密集。野生青蒿根深 8～20 厘米，根幅 20 厘米×60 厘米，根质软，白色，有辛辣味。栽培青蒿，花蕾初期测定主根深 10～30 厘米，粗 0.42～4.0 厘米，根幅 27 厘米×60 厘米。在移栽 5 个月左右，根伸长量达到最大。

2. 茎

青蒿茎直立，多分枝。茎绿色，具纵沟棱，质较硬，易折断，断面中部有髓。一级分枝 40～60 个。5 月下旬以前为茎粗生长速生期，该期间茎粗增长最快，生长量占整个生长量 30%，6 月上旬至 7 月下旬，主茎粗生长逐渐缓慢，8 月上旬至 8 月中旬，出现第二次增长高峰，9 月上旬停止增长。

3. 叶

春季气温适宜情况下，盆播种子 5～11 天开始发芽，出现子叶。子叶小，圆形，绿色。发芽后 8～15 天第一对真叶出现，16～22 天第二对真叶出现。30 天左右，叶 5～6 片，基部两片匙形、卵形至椭圆形，顶端齿裂或全裂，上部叶呈一次羽状深裂或二次羽裂，以后呈 2～3 次羽状分裂。青蒿高 1 米以上时，基部茎生叶逐渐干枯，侧枝、主茎的中上部叶及主茎、侧枝则到枯萎期才逐渐枯萎。

4. 花

青蒿一般在 9 月上旬现蕾，花期 9 月下旬至 10 月上旬，开花前花冠浅黄色，开花后由浅黄色变为褐色。小花序随着小花开放由绿色变黄色，再转为褐色。开花时外层雌花先开，约 1~3 天后两性花开放。单株开花时间约 2 周，初次散粉时间在花序开放后 1~3 天，盛粉在开花后 3~6 天，每株盛粉期持续 3~6 天。

晴天开花时间在上午 10：00 左右，开花整齐，散粉量大，阴天在上午 10：30 以后才陆续开放。

5. 果实

青蒿生育期约 240~300 天。果实为瘦果，即生产用的种子，内含种子 1 枚。种子长约 1 毫米，长椭圆形，灰棕色或灰白色。胚乳白色，含油脂。10 月上旬果实形成，10~11 月种子成熟，11 月中旬~12 月上旬种子采收，种子千粒重为 0.02~0.05 克。每株收种子 50~150 克。以外形饱满、均匀者为佳。种子含水量低于 13% 时，一般可储存 4 个月。

由于青蒿种子没有休眠期，因此，从 11 月种子采收至次年 5 月中旬前都可播种，种子都能正常发芽。

第三章 青蒿生物学特性

一、对气候条件的要求

1. 温度

青蒿喜温暖、湿润，阳光充足的气候，耐寒力较强，种子萌发的温度为7℃以上，幼苗期要求一定遮阴条件。生长期平均气温为17.6~28.4℃，最适宜生长温度20~25℃。要求日照充足，≥10℃年积温3500~5000℃，年日照1000小时左右。试验研究证明，青蒿生长后期和现蕾期气温28~30℃，有利于青蒿素的积累。

2. 水分

青蒿最适宜生长在亚热带湿润季风气候区，年降水量1100~1400毫米，生长期集中降水量为600~1000毫米。

青蒿喜湿润、忌干旱、怕渍水。侧根发达、多而密集，抗旱耐涝能力较强。生长初期对水分要求较严，在第6片真叶萌发前，青蒿幼苗易受干旱和水涝的影响。不过，在幼苗较小并处于生长初期时，青蒿对水相对要求较严，在此期间须确保充分供水并注意排涝。一旦第6片真叶长成，由于此时侧根丰富而密集，青蒿表现出强适应性和强抗旱、抗涝能力。

3. 光照

青蒿适应性强，喜阳光充足的环境。青蒿种子为需光种子，没有光线照射，青蒿种子就不能萌发。光照时间长，会加速青蒿开花，光照时间短，会延迟青蒿开花。

青蒿是严格的短日照植物，当光周期约 13.5 小时，半月之内就会开花，因此适宜在长日照地区生长。若种植于热带，未能达到一定的生物量时就开花结实，会导致青蒿素含量低。青蒿自交不亲和，自花授粉很难结实。

发芽适温为 18 ~ 25℃。高温和强光有利于青蒿素形成，直到开花期，青蒿素含量达到最大值，此为最佳收获季节。

不同国家和地区的日照时间长短不同，因此在合适的时间进行栽种非常重要，否则青蒿生物量和青蒿素含量都将减少。日照小时数的多少会影响青蒿生长发育的各个阶段。

二、对土壤条件的要求

青蒿对土壤条件要求严格。在石山、土坡、丘陵、路边及房前屋后的红壤、红黄壤、石灰土上均有分布，且能正常生长发育。在黄壤、冲积土和紫色土，土壤肥沃松润及排水良好的沙质壤土至黏壤土中生长良好。

pH 4.5 ~ 8.5、表层土深厚且排水性能良好，青蒿生长良好。

生长海拔因国家而异，如在中国为 600 ~ 800 米，在越南为 50 ~ 500 米，在坦桑尼亚和肯尼亚则为 1000 ~ 1500 米。

广西植物所研究表明，青蒿植株长势及产量与土壤类型和土层厚度、质地有一定关系，一般生长在石山上的青蒿植株较

矮，分枝数及叶数也较少，分布在平地、路边的青蒿植株高大，分枝及叶数较多。

三、对肥料的要求

青蒿为喜肥作物，对氮的吸收高峰出现在分枝始期和花蕾期，对磷的吸收高峰出现在分枝始期和花期，对钾的吸收则从苗期到现蕾期呈直线上升，以钾肥作为基肥为好。

第四章　青蒿栽培技术

一、青蒿种子

青蒿种子来源于菊科植物黄花蒿（*Artemisia annua* L.）。因此，在栽培青蒿之前，有必要对种子的来源及繁殖材料进行了解，以确定该繁殖材料或种子是否适合在特定地点栽培。应针对所选繁殖材料或种子的特点，制订最合适的栽培计划。

尽管青蒿的头状花序结构非常适合自花授粉，但自花授粉率相当低，且因自交不亲和性而很难结实，通过有性繁殖难以将种系的高产性状保存下来，青蒿不同植株个体间青蒿素含量差异很大。因此，应建立种子生产基地，用以持续提供具有高青蒿叶产量、高青蒿素含量种质的种子，满足大规模原料加工的需要。

我国青蒿品种选育研究从 1980 年代末开始，陈和荣用秋水仙碱处理青蒿种子，选育出了青蒿素含量高、营养体重量显著增加等优良性状的青蒿新品系"京厦 I 号"。1991—1997年，重庆市药物种植所在酉阳县青蒿类型中也选育出青蒿素含量为 1.0% 的青蒿良种。

二、育苗田选地和整地

1. 育苗田选择

较好的栽培地点为土壤疏松的向阳坡地。翻耕土地、去除杂草、整平、开沟、作畦。每年 12 月下旬到次年 2 月中旬，选择背风向阳，土层深厚、土质肥沃疏松、透水性好、排水条件好、肥力中等以上，保水、保肥力较好的旱田或缓坡地，洼田涝地，陡坡地作为育苗田。土质黏重地、瘠薄地、石砾地不宜选作育苗地。育苗地面积与大田面积比例为 1∶20。

2. 苗床准备

选好育苗田进行深翻作畦。畦面宽 1.1～1.2 米，沟宽 0.4～0.5 米，沟深 0.15～0.20 米，畦长 15～20 米，畦沟要平直。播种前松土 1 次，达到畦面土细碎平整。

3. 精细整地、施足基肥

晴天育苗地犁翻耙碎，每亩施腐熟农家肥 500 公斤或商品鸡粪肥 250 公斤，再犁翻耙地，使肥料施入 10～15 厘米土层中，土肥均匀混合。尚可以每个苗床为单位施肥。施入土杂肥 25～30 公斤，过磷酸钙 1 公斤，草木灰 5 公斤。

三、繁殖

1. 播种

（1）播种期

当日平均气温稳定在8℃以上时，即可播种。

（2）播种量

苗龄长的应播种少些，苗龄短的播种量可大些。一般60天苗龄，每亩苗床播种20～25克，45天苗龄播30～40克。

（3）播种方法

播种前先将苗床土浇透，撒细土或细沙，用木板稍用力压平，使床土湿透。由于青蒿种子细小，播种前按种子∶草木灰（细泥或细沙）1∶10比例充分拌匀后，均匀撒播于苗床，宁稀勿密，每亩用种量25克。播后不覆土，用木板将床面压实，使种子与土壤紧密结合，再在苗床上覆盖稻草5厘米，用喷壶淋透水，最后搭建塑料小拱棚。

有些药农在播种覆土后，喷洒3000倍恶霉灵药液。

2. 苗期管理

播种后，用竹片做低拱覆盖地膜，膜的四周用土压紧压实。

播种后苗床要保持湿润，勤检查，温度超过25℃时，打开膜两头降温，苗长3～4叶时揭除地膜。种子发芽后除去覆盖稻草，视温度变化适时揭开塑料棚膜通气透光，降低棚内空气温度。幼苗高3～5厘米时，每隔10天施1次人畜粪水或0.2%尿素溶液。还可以在5～6片叶子时，喷洒1000～1500倍芸苔素，以提高苗壮。注意透光炼苗及间除病、弱、密苗，苗高约10厘米时即可移栽。出苗后需注意苗床灌溉，第7片真叶萌发后进行间苗，留苗数量据栽培条件而定。

移栽时间3月下旬至4月上旬，移栽前一天浇1次透水，以利起苗。

四、移栽

生产田采用畦作时，畦宽 1~1.5 米，长 5 米，畦以东西方向为佳。每亩施入 30 公斤复合肥，整平耙细。按株行距 25.5 厘米 ×26.5 厘米畦内挖穴，每穴栽 1 株，每亩用苗 7500~12000 株。

采用垄作时，按 75 厘米行距做高 15 厘米、宽 25 厘米浅垄，在浅垄上按 75 厘米株距，挖好深 15 厘米、直径约 15 厘米的穴，穴里加入 0.5 公斤底肥，底肥上盖一层 1~1.5 厘米厚细土，将青蒿苗按照 75 厘米 ×75 厘米株行距移栽，每亩移栽 1185 株。

不同地区移栽时间不同。一般在 4 月下旬至 5 月中旬进行。选择雨后阴天或晴天下午移栽，栽后浇透水。

移栽龄苗以苗龄 50 天，叶龄 10~15 叶，带有 2 个以上分枝幼苗为好。

五、田间管理

1. 中耕、锄草

中耕、锄草可以视杂草情况确定，一般在 5 月中旬至 6 月下旬进行。如果遇到连续降雨引起土面板结，也要中耕锄草，中耕宜浅不宜深，过深容易伤害青蒿根。

一般以人工除草为主要除草方法，禁用化学除草剂。移栽后 20 天左右进行第一次中耕除草，青蒿分枝盛期前需进行第二次除草，第二次除草以后需进行培土。植株封行后不必再进行中耕、除草。必要时，仅允许在最低有效浓度下使用已获认可的杀虫剂和除草剂。

2. 施肥

（1）肥料种类

肥料一般有农家肥、专用肥、土杂肥、化学肥料（如尿素、过磷酸钙、氯化钾和磷酸二氢钾）。为了减少危害，提高青蒿无公害水平，建议尽量使用农家肥（如人畜粪肥、堆肥）。

施用的有机肥（人粪、尿，猪、牛、鸡、鸭畜禽粪）必须腐熟发酵，达到无害化卫生标准才能施用。

化学肥料一定到正规厂家购买。使用的化学肥料，如尿素、过磷酸钙、钙镁磷肥、氯化钾、硫酸钾、磷酸二氢钾和微量元素肥料，经检验符合国家有关标准才可购买和施用。

（2）施肥原则

青蒿吸收氮元素高峰在分枝期、花蕾期。吸收磷元素在分枝始期和开花前期。吸收钾元素从苗期到花蕾期逐渐增大。在施肥时，基肥和追肥以氮肥为主，磷、钾肥可作为基肥施用。肥料用量要根据土壤内肥量多少为依据。黏壤土施肥次数不必过多，沙壤土可适当增加施肥次数。

（3）施肥方法

青蒿生长期短，基肥对青蒿产量影响较大。有试验表明，施鸡粪青蒿生长效果好，其次为混合肥。基肥要集中深施，有机肥可施 1500 ~ 2000 公斤，或施氮、磷、钾复合肥 20 ~ 30 公斤。

施追肥的植株生长量比不追肥的高。有试验表明，苗期和生长盛期各追肥 1 次（尿素或过磷酸钙每亩 10 公斤）可提高

青蒿产量和青蒿素含量。

青蒿生长期的追肥可根据需要追肥 2～3 次。追肥可以结合除草进行。幼苗期追肥可以促进青蒿植株生长。氮肥可稍多，之后的生长发育期间，磷、钾肥可以逐渐增加，每次每亩追施氮、磷、钾复合肥 10～30 公斤为宜。追施化肥采取行间开浅沟条施。如用腐熟人粪尿可与灌水同时进行。

在青蒿生长期可以采用叶面施肥方法。一般在青蒿生长后期或采收前 20～30 天喷施一定比例的磷、钾肥或微量元素水溶液，有利于青蒿素的合成与积累。

使用的肥料需配成稀溶液，用喷雾器喷施于叶面上。常用的喷施浓度为：磷酸二氢钾 0.1%～0.3%、过磷酸钙 1%～3%、尿素 0.5%～1%。如果发现叶片发黄时可多施尿素，总浓度要≤0.5%。对青蒿进行多次根外追肥，可以提高青蒿产量。

（4）施肥方案

第一方案：

第 1 次追肥在移栽后 7 天进行。每亩可以施尿素 4 公斤，过磷酸钙 8 公斤，硫酸钾 7 公斤。在两株青蒿之间挖穴，肥料放入穴中，施肥后盖上泥土。

第 2 次追肥在移栽后 1 个月进行。追肥前，先把杂草除净，再进行施肥，方法与第一次追肥相同，每亩施尿素 12 公斤，过磷酸钙 10 公斤，硫酸钾 20 公斤。

第 3 次追肥在移栽后 2 个月进行。每亩施尿素 9 公斤，过磷酸钙 20 公斤，硫酸钾 16 公斤。

第二方案：

第 1 次追肥在移栽一个星期，施复合肥或农家肥，每亩用复合肥 10～15 公斤或用 0.3% 的复合肥水喷施。

第 2 次追肥在移栽后 15～20 天，每亩施复合肥 18 公斤或腐熟农家肥，施肥后覆土。

第 3 次追肥在移栽 35 ~ 45 天，每亩施 25 公斤复合肥或农家肥，结合培土。

第三方案：

施用优化配方肥。

第 1 次追肥在移栽后 7 天，每亩施尿素 4 公斤，过磷酸钙 30 公斤，硫酸钾 7 公斤。

第 2 次追肥在移栽后 1 个月，每亩施尿素 13 公斤，过磷酸钙 100 公斤，硫酸钾 24 公斤。

第 3 次追肥在移栽后 2 个月，每亩施尿素 9 公斤，过磷酸钙 70 公斤，硫酸钾 17 公斤。

读者注意，上述三种方案仅供参考，建议根据各自青蒿地块肥料情况制订适合本地的具体施肥方案。

3. 打顶

青蒿苗高 0.3 ~ 0.5 米，把主芽摘除（打顶），促进侧枝萌发，提高叶片产量。

4. 灌溉

在青蒿生长中，应根据降雨情况及时进行检查，当青蒿叶片出现轻度萎蔫，应及时灌溉。如遇长期干旱，可结合追肥进行浇水。夏天干旱时期应在早、晚灌水，不要在阳光暴晒下灌溉，避免高温灼伤叶片，影响青蒿生长。

5. 排水

青蒿不耐积水，积水可导致烂根。雨季注意定时疏通排水沟，及时清沟理淤，排除田间积水。人工灌水应根据气候及病害发生趋势进行，适当调节青蒿地的土壤湿度，要避免水分过大。青蒿耐涝能力弱，为防止水分过多，可以在低洼地采取高畦田栽培。

六、采收

不同产区采收的青蒿中青蒿素含量差异显著，最高可达青蒿叶干重的 1%～2%。尽管青蒿素含量受地理条件、采收时间、温度、施肥状况等诸多因素的影响，选择恰当时间进行采收对青蒿中青蒿素含量保持最高水平仍至关重要。应根据气候条件、青蒿中青蒿素的动态累积情况和当地的采收经验进行研究，最终确定青蒿的最佳采收时间。青蒿种植国的研究证实，青蒿的最佳采收时间为现蕾初期，采收过早或延后都将影响青蒿叶产量及青蒿素含量。青蒿采收前应进行青蒿素含量检测。

采收青蒿药材，一般在 8 月下旬～9 月中旬青蒿现蕾期。采收宜选择在晴天下午进行，在距地面约 30 厘米处砍倒主茎，次日下午收回，自然晒干，打落叶片，包装。有试验表明，一天采集时间不同青蒿素含量不同。有人研究发现，青蒿在中午 12 时及下午 16 时青蒿素含量最高，因此，建议在晴天 12～16 时采集为宜。

青蒿的有效成分青蒿素不稳定，这是因为青蒿素化学结构中特殊的过氧化基团在加热时不稳定。温暖、潮湿条件下贮存时，由于还原物质的存在，青蒿素易分解，因此，在采收后的处理过程中应避免高温，产地加工青蒿时应以晒干为好，其次是阴干。收割或采收后，叶中青蒿素的含量将逐渐降低，青蒿贮存期超过一年，其作为提取原料的价值将不复存在。根据一些国家的经验，收割或采收 6 个月之后，青蒿原料将失去其工业价值。

七、产地加工

将干燥后的整株青蒿，用木棒先槌下植株下部的老叶和黄叶，除去并清扫干净；再用木棒槌下青蒿叶，用筛子筛去杂质后晒干装入麻袋，放于阴凉通风处。

自然晾晒干燥或38℃以下人工干燥至蒿叶含水量≤13%，去枝梗收叶贮藏。

不同的干燥方法会影响青蒿素的产量。晒干、阴干和60℃烘干三种方法的比较结果表明，自然晒干最好。

商品青蒿叶质量要达到身干、叶净、青色或青黄色、无枯叶、无泥沙、无杂质、无花蕾、无霉烂变质。

八、包装、运输和储藏

包装袋与运输工具应清洁、干燥，运输工具应有防雨设施，严禁与有毒、有害、有腐蚀性、有异味的物品混装、混运。

1. 包装

青蒿装袋前须过筛。以绿色、身干、叶净、无枝干、无霉变、无杂质、无泥沙的青蒿叶为优质品。

青蒿药材包装应选用干燥、清洁、无异味以及不影响品质的麻袋或带内膜编织袋。麻袋或带内膜编织袋都应无毒、无异味、不与内容物起反应并符合相关卫生标准。

隔绝层应不易折裂，对氧气有较好的隔绝作用。外层材料

具有一定的机械强度。包装好后要密封，并注意防潮。

2. 运输

运输车辆、工具必须清洁、卫生，严禁用装运农药、化肥和其他污染严重车辆装运青蒿。运输过程中严禁与有毒或有异味物品混运。严禁日晒雨淋。

3. 储藏

青蒿储存时间过长，青蒿中青蒿素含量显著下降。有试验报告，储存9个月以上，青蒿素含量下降20%以上，因此青蒿储存时间不宜过长。

青蒿储存于通风、干燥、避光、无异味、有除湿设备，并具有防鼠、防虫等设施的专用仓库。有条件可采用低温冷藏，温度保持在10℃以下。地面应整洁，无缝隙，易清洁。定量堆码，与墙壁保持50厘米的距离，防止虫蛀、霉变、腐烂等现象发生。

注意防潮，但不应过于干燥，以免引起自燃。经常检查消防设施。青蒿在符合要求的储存条件下，包装完整、未经启封的情况下，保质期为12个月。

九、人员培训

应对种植、采收加工人员进行相关内容培训，如进行适当的植物学、农学和采收培训。

农药施用人员需要经过培训，在施用农药时，应穿戴防护服（包括手套），避免接触有毒或可能引起过敏的药草。

生产者和采收者需经适当培训，掌握所种植的药用植物的采收知识和植物养护技术。应开展环境保护、植物物种保护和适宜土壤管理等知识教育，以养护耕地和控制土壤侵蚀。防止环境退化是确保药用植物资源长期可持续利用的一项基本要求。

所有经过农业种植和采收来的药用植物原料生产应符合国家关于安全、原料处理加工、环境保护和卫生等法规和规定。

患有或携带有可能经青蒿原料传播疾病的人员，可能会污染青蒿原料，因此不得进入任何收割、生产或加工场地。任何人员患病或有不适症状时均应立即报告。所指疾病包括：黄疸、腹泻、呕吐、发热、咽喉疼痛伴发热、明显感染损伤（如烫伤和割伤）以及耳、鼻或眼分泌物流出等。患有开放性外伤、炎症或皮肤病人员均应暂停工作，否则必须穿戴防护服、手套直至痊愈。

进行青蒿原料加工的工作人员应保持良好的个人卫生，必要时穿戴适当防护服和手套（包括帽子和鞋具）。不得有污染原料的行为，如吐痰、打喷嚏或面对未加覆盖的原料咳嗽等。开始工作前、上厕所后、处理青蒿或任何被污染的材料后，工作人员应注意洗手。不得在青蒿处理加工场所吸烟和进食。

第五章　青蒿病虫害防治

一、防治原则及方法

青蒿病虫害防治原则应以预防为主，治疗为辅，但在生产实际中很难做到，我们在这里重点介绍防治病虫害问题。条件许可，最好的防治方法就是生物防治，但由于有许多未解决的问题，目前仍以化学方法防治为主。

1. 化学防治方法

①首先选用低毒、高效农药。

②严禁使用剧毒、高毒、高残留或具有三致（致癌、致畸、致突变）的农药。

③化学防治最佳时期为病虫害发生初期。

④针对不同时期、不同危害程度选用适当的农药种类。施用浓度、喷施次数要根据病情严重程度，病虫害种类（病原菌和害虫），病情发展及气候情况而定，特别要读好说明书，切不可不按照说明书自行喷施。

⑤合理使用农药，不宜施用一种农药，最好选择多种有效农药交替使用。

2. 农药种类

（1）杀菌剂

杀菌剂根据其杀灭病菌功效的不同分为：保护剂、内吸剂、治疗剂。

①保护剂是指植株感染病菌前进行喷洒，以便杀死或阻止病菌侵入植物体内，使植物免于患病的药剂。如波尔多液、代森锌等。

②内吸剂是指在喷洒后，经过植物茎、叶和根部进入植物体内，使侵害这些植物的病菌受到危害致死的药剂。如多菌灵、敌克松等。

③治疗剂是指当植物受到病菌侵害染病时使用的药剂。长期使用会使害虫产生抗药性，因此，使用剂量往往会不断增加，目前使用得较少。如石硫合剂等。

（2）杀虫剂

杀虫剂根据药剂进入害虫体内方式分为：触杀剂、熏蒸剂、胃毒剂和内吸剂。

①触杀剂是指药剂直接喷洒到害虫身体上，药剂渗入害虫体内，杀死害虫的药剂。如除虫菊、鱼藤精、马拉硫磷等。

②熏蒸剂是指把药剂变成气雾状态，通过害虫呼吸道进入体内杀死害虫的药剂。如敌敌畏、氯化苦、磷化铝等。

③胃毒剂是指害虫咬食有杀虫剂的植物，药剂进入害虫体内致死的药剂。如敌百虫、氟硅酸钠等。

④内吸剂是指使害虫吸食含有药剂的植物茎、叶或根而死亡的药剂。如乐果、抗蚜威等。

（3）除草剂

除草剂是使杂草死亡而对喷洒的植物没有药害的药剂，有

内吸剂和触杀剂两种。

①内吸性除草剂是指药剂喷洒到杂草植物体上，杂草把药剂吸收入体内而致死的药剂。如灭草灵、茅草枯等。

②触杀性除草剂是指喷洒药物直接杀死杂草的药剂。这种药剂一般只能杀死杂草的地上部分，对于多年生杂草效果较差。因此，多用于一年生杂草的杀灭。如敌稗、除草醚等。

以上药剂主要适用于病菌和害虫。除此之外尚有杀线虫剂（滴滴混等）、杀螨剂（克螨特等）、植物生长调节剂（2，4-D、吲哚乙酸、激动素等）、杀鼠剂（磷化锌等）。

3. 农药施用方法

（1）喷洒法

喷洒法主要有喷雾法、喷粉法、播撒法。

①喷雾法是将药剂成雾状喷洒在植株上，使用的喷雾器有人力喷雾器和动力喷雾器，一般采用常规喷雾、低容量喷雾等方法。

②喷粉法是将农药粉剂装入喷粉器进行喷洒的方法。喷雾器同样有人力和动力两种。其优点是在山区或水源缺少地方施用。大面积农田或森林杀菌，多采用飞机喷雾。

③播撒法是在小面积杀毒时采用的人工撒杀的方法。由于使用的是颗粒剂，受风力影响小，施药点准确，不会扩散，不会污染环境。

（2）毒饵法

毒饵法是把农药和害虫、鼠类喜食的食物混拌在一起，形成毒饵，投放在害虫或害鼠危害或栖息地点，来杀死害虫的农药施用方法。

（3）熏蒸法

熏蒸法是利用农药熏蒸剂杀死害虫的方法。一般用于存放药材的仓库或育苗温室。熏蒸要在封闭条件下使用。

（4）烟雾法

烟雾法是利用雾剂或烟剂农药杀灭害虫的方法。主要适用于温室、仓库等地方。

4. 目前国家规定禁止使用的化学农药

（1）国家明令禁止使用的农药（23 种）

六六六，滴滴涕，毒杀芬，二溴氯丙烷，杀虫脒，二溴乙烷，除草醚，艾氏剂，狄氏剂、汞制剂，砷，铅类，敌苦双，氟乙酰胺，甘氟，毒鼠强，氟乙酸钠，毒鼠硅，甲胺磷，甲基对硫磷，对硫磷，久效磷，磷胺。

（2）在中药材上不得使用和限制使用的农药（14 种）

甲拌磷，甲基异柳磷，特丁硫磷，甲基硫环磷，治螟磷，内吸磷，克百威，涕灭威，灭线磷，硫环磷，蝇毒磷，地虫硫磷，氯唑磷，苯线磷。

5. 农药的购买、运输和保管

①购买农药建议指定人凭证购买。购买的农药不得有包装破漏。复查农药品名、有效成分含量、出厂日期、使用说明等是否明晰，如没有使用说明和出厂日期，不要购买，以免使用失效农药。

②运输农药要保证包装完整，如有渗漏、破裂应使用规定的材料重新包装，确定没有渗漏再行运输。农药装车后，要仔细检查和及时妥善处理被污染地面、运输工具和包装材料。

③禁止农药和粮食、蔬菜、瓜果、食品、日用品混合运输和混合存放。

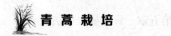

④农药应设专用库、专用柜和进行专人保管。

6. 喷施农药注意事项

①配制农药的人员要做好防护。如戴胶皮手套。应严格按照规定用量和方法配制，不要随意增加药量，禁止用手直接配制农药。

②使用喷雾器喷药时，为了防止药液多，建议隔行喷施。不要为了快速而左右两边同时喷施。大风天气和中午高温时，停止喷药。

③喷药前应仔细检查药械是否完好，有无开关、接头、喷头等处螺丝松散。喷药过程中，发生喷嘴堵塞，应卸下放入清水中冲洗，检查故障原因，进行排除，修好方可再次使用，切忌用嘴吹、吸喷头和滤网，以免中毒。

④喷施农药后，要在生产田竖立标志，以防人们误入田间挖野菜等，避免中毒。

⑤喷施工作结束后，及时将喷雾器清洗，如有剩余药液，一定要倒出，另行保管。清洗药械的剩余污水要妥善处理，不要就地泼洒，以免污染水源。

7. 喷施工人的个人防护

①喷施工人要认真负责、身体健康，有条件的生产基地可以定期进行培训。

②禁止体弱多病者，患皮肤病者和哺乳期、孕期、经期的妇女进行农药喷施工作。

③喷施农药前和喷施工作中禁止饮酒。

④喷施工人作业时，尽量戴防毒口罩，不要裸露身体。喷施期间不要用手擦嘴、脸、眼睛。喷施工作结束后用肥皂清洗

手、脸，并漱口。有条件的生产基地提供洗澡设备。喷药的工作服要定期换洗。

⑤喷施工作每天不要超过6小时。

⑥操作人员如在喷施期间出现头痛、头昏、恶心、呕吐等症状时，应立即离开施药现场，及时到医院检查和治疗。

8. 生物防治方法

生物防治方法是目前大力提倡的杀虫方法。由于这种方法没有农药造成的污染，因此在有条件的地方可以使用。生物防治法的优点是避免了农药对自然环境的污染，安全性高，效果持久等。

（1）菌类生物防治方法

菌类生物防治方法是指利用能杀死病菌的菌类生物（细菌、病毒、真菌）进行生物防治的方法。可以利用的真菌有：虫霉菌、穗霉菌、白僵菌、绿僵菌等。

（2）昆虫生物防治方法

昆虫生物防治方法是指利用昆虫扑食、寄生等特性杀灭害虫的方法。常见的有七星瓢虫、食蚜蝇、螳螂等。

二、病害及其防治

植物病害是指植物在生长和储藏过程中，由于受到病菌侵染或不良气候（灼烧、冰冻）的影响，出现不正常的生长或死亡（如腐烂、枯萎、花叶），称为病害。

植物患病后表现出的症状主要有：植株变色，如叶片变黄、变白等。或者在茎、叶片、果实和种子上出现斑点。植株萎蔫、腐烂以及植株畸形等。

侵染植物的病原菌主要有以下几类：

①真菌。真菌是危害植物最多的病原菌。植物被真菌侵害的主要症状为：腐烂、坏死、枯萎、斑点、隆肿、畸形。

②细菌。细菌是单细胞生物，营腐生或寄生生活。危害植物的细菌多为杆菌。其生长最适宜温度为27～30℃。一般超过50℃即可致死。植物为细菌侵害主要症状有：枯萎、枯焦、斑点和腐烂等。

③病毒。病毒是没有细胞形态的微生物，需要在电子显微镜下才能看到。一般呈杆状、球状、纤维状。它们是专性寄生物，寄生性强，传染性高，致病力大。常见症状有：植物黄化、花叶、卷叶、缩顶、矮化、畸形等。

④线虫。线虫是低等动物，寄生在植物上的线虫比较小，呈蠕虫状，只有在显微镜下才能看到。线虫虫体细长，两头稍尖，雌雄异体。线虫生活史为卵、幼虫和成虫三个阶段，一般以幼虫危害植物为多。常见症状有：生长衰弱、植株矮小，色泽失常、茎叶扭曲，甚至过早死亡，主侧根肿大或有瘤状突起。

⑤寄生植物。这些植物没有叶绿素，自己不能制造有机物，只能依靠寄主植物的营养生存。以寄生程度分为半寄生和全寄生。以寄生部位分为茎寄生和根寄生，如菟丝子为茎寄生，列当为根寄生。

半寄生植物。这些植物一般有茎叶和叶绿素，能够进行光合作用，仅根部为寄生根，从寄主植物体内吸收水分和营养物质。如槲寄生、桑寄生等。

全寄生植物。这些植物没有叶片或叶片退化成鳞片状，没有足够的叶绿素，因此不能进行光合作用，完全靠寄主的营养生活。寄生性植物危害的主要症状为：植株矮小，开花减少，出现落花、落果和不能结实等症状。

病害发生一般有三个阶段：侵入期、潜育期和发病期。

①侵入期是指病原菌接触寄主植物到侵入寄主植物时期。一般病菌会从植物的气孔、皮孔或伤口（机械伤、虫伤、病害伤）及叶表皮直接穿透侵入寄主植物。

②潜育期是指病原菌已经侵入寄主植物体内，一直到出现明显病状的时期。在这个时期病原菌会在寄主植物体内扩展、繁殖。潜育期的长短与病原菌的生物学特性、寄主植物的种类和生长情况以及自然界温度和湿度等条件有关。一般病菌潜育期为 5~10 天，短的为 2~3 天，时间长的可达数月至一年。

③发病期是指植物受到病原菌侵害后出现症状的时期。当侵染植物出现病状时，病原菌正是繁殖时期，真菌会形成孢子，成为侵染下一代的侵染源。细菌和病毒则是个体数量增多。大多数植物被侵染后，病症会长期存在，直到死亡。

病原菌的传播有以下几方面：

①雨水传播是指病原菌借助雨水的溶解、飞溅传播的寄主植物。土壤中的病原菌还可以借降水、灌溉等因素侵入寄主植物。

②风力传播是指真菌的大量孢子顺着风力远距离传播，落到寄主植物上面进一步侵入植物体内。

③人为传播是指人们在生产过程中使用了带有病原菌的种子、苗木或其他繁殖材料，通过种子、苗木播种、移栽或施肥等作业而传播病原菌的现象。

④昆虫传播是指昆虫咬伤植物，造成植物出现伤口使病原菌侵入寄主植物。有些昆虫本身带有病原菌、病毒，也会把病原微生物带入植物体内，特别是病毒最易被昆虫传播。

1. 茎腐病

（1）症状及危害部位

发病后病斑逐渐向主根蔓延，严重时皮部受到破坏，最后全根腐烂，根部黑褐色、烂腐，叶片开始黄化，最后导致植株枯死。

茎腐病可由细菌、真菌引起。细菌性茎腐病植株中部叶鞘和茎秆上发生水渍状腐烂，组织软化。苗期倒伏，腐烂发臭，植株折倒。真菌引起的茎腐病茎基褐色，失水皱缩，变软，髓部中空，组织腐烂，茎干易倒伏。

（2）发病规律

在高温多雨阴暗季极易患病，栽培低洼渍水地块，由于排水不畅，极易发生。植株感染病菌后，一般在 5 月上旬开始发病，5 月中旬至 6 月下旬较为严重。管理粗放的连作地和过量施用氮肥或磷、钾肥不足都会诱发病害。

（3）防治方法

可以改畦作为垄作栽培，避免连作。春季修好排水沟，排除积水。

发病初期可以选用以下任一种药剂进行喷施：1% 硫酸亚铁溶液；70% 甲基托布津 500 倍液；5% 恶霉灵水剂 450 倍液；50% 立枯净可湿性粉剂 800 倍液。每隔 7 ~ 10 天喷施一次，连续 2 ~ 3 次。

2. 白粉病

（1）症状及危害部位

感染病菌植株下部叶片布满白色粉状物，随着病情加重，白粉会逐渐向上部叶片蔓延，病情严重时，叶片扭曲变形，最后植株枯黄，叶片脱落。

（2）发病规律

植株进入生长旺盛期遇连续高温高湿天气，病害扩展较快。6月中旬至7月上旬为发病高峰期。

（3）防治方法

栽植密度不宜过大，保持田间通风透光。

发病初期可用75%百菌清或可湿性粉剂500倍液加8%百奋微乳剂1000倍喷施。喷施要使所有叶片都有药液才能根治。每7天喷施1次，连续喷施2~3次。

3. 黄萎病

（1）症状及危害部位

感染病菌植株下部叶片最先黄化，长势弱，随着病情加重黄化叶片逐渐增多，叶片变成褐色，病势由下部叶片向上部蔓延，最后整个植株枯萎死亡。

（2）发病规律

遇到雨后连续高温天气，病害极易发生。青蒿进入生长旺期，病害迅速扩散，5月中旬至6月中旬最易发生。

（3）防治方法

育苗移栽时，可以用40%五氯硝基苯粉剂进行土壤消毒。

发病初期施用50%多菌灵可湿性粉剂450倍液、10%治萎灵水剂300倍液或50%氯溴异氰脲酸水溶性粉剂1000倍液。每7天喷施1次，连续喷施2~3次。

4. 枯萎病

（1）症状及危害部位

染病初期叶片变浅黄色，逐渐萎蔫，茎基部成浅褐色。严

重时病势逐渐向植株下部扩展，最后使根坏死腐烂。

（2）发病规律

高温高湿气候条件下植株最易感染发病，5月中旬至7月上旬为最易感染期。

（3）防治方法

移栽时使用充分腐熟的有机肥。雨季防止田间积水。

发病初期可以施用50%多菌灵可湿性粉剂450倍液、50%溶菌灵可湿性粉剂750倍液或10%治萎灵水剂300倍液。每7天喷施1次，连续喷施2~3次

5. 缩叶病

（1）症状及危害部位

发病初期叶脉出现淡绿相间斑驳，逐渐变为斑驳花叶。严重时除叶片褪绿斑驳外，叶面凹凸不平，叶脉皱缩，叶片变小畸形。

（2）防治方法

种子消毒。用0.5%高锰酸钾溶液浸种10~15分钟后捞出，清水洗净后播种。采取垄作方式栽培。垄作地温高，不易发生水涝，可以抑制病菌生长。采用0.1%硫酸锌溶液，定植前后各喷1次，缓苗及盛果期再各喷1次。

三、虫害及其防治

药材栽培的虫害以昆虫为主，此外还有蜗牛、螨类和鼠类。由于昆虫适应性强，繁殖速度快，因此对药材植物危害极大。害虫咬植物的根、茎、叶和花、果实、种子，使药材产量大幅度减少，甚至造成绝产。下面主要介绍昆虫的有关知识。

1. 昆虫的形态特征

昆虫的身体由头部、胸部和腹部组成。昆虫头部前方有一对触角，一对复眼，1～3只单眼，下方是口器，口器分为咀嚼式、刺吸式。咀嚼式口器的害虫，危害植物的根、茎、叶和花、果实、种子，造成植株部分出现空洞，使茎秆易折断、根易断，甚至植株死亡。刺吸式口器的害虫，用针状口器刺入植株组织内，吸取植物内部液体，使植物出现叶片皱折、卷曲、萎缩、枯死等现象。如果虫卵寄生在植物体内，便形成虫瘿。

昆虫的胸部由三节体节组成，分别为前胸、中胸和后胸三节，每个体节均有一对胸足。中胸和后胸各有一对翅，称为前翅和后翅。

昆虫的腹部由10～11节环节组成，昆虫的内脏器官均在腹部。

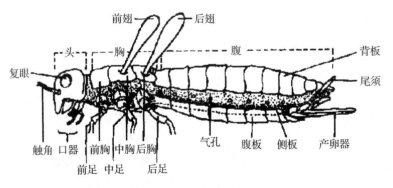

图5-1　昆虫的构造

昆虫在发育过程中，会经过不同的发育阶段，称为变态，分为完全变态和不完全变态两种。

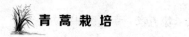

（1）完全变态

完全变态有四个阶段：卵、幼虫、蛹和成虫。如蝶类、蝇类、甲虫等。

卵是一个细胞，表面有坚硬的卵壳。其形状、大小、色泽各不相同。常见的有圆形、半圆形、扁平形、椭圆形等。

幼虫身体分为三部分：头部、胸部和腹部。头部坚硬，有单眼、口器和触须。胸部有 3 对胸足（有些昆虫没有），腹部一般有 2~8 对腹足（或没有）。在生长过程中会蜕皮，幼虫未蜕皮时称为一龄，每蜕一次皮增长一龄，即二龄、三龄。一般蜕皮 4~6 次，最后一次（六龄幼虫）化为蛹。

蛹是幼虫蜕皮后形成的，称为化蛹。蛹的形状各异，分为围蛹、被蛹和裸蛹三种。昆虫在蛹期不能活动，一般隐藏在隐蔽场所，有些蛹在土中生存。

成虫由蛹蜕去蛹壳而成。成虫分为雌雄两种，交配后产卵，逐渐死亡。

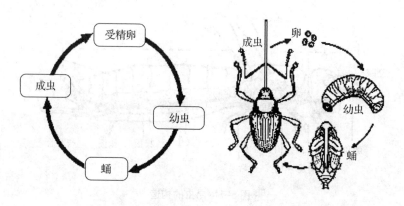

图 5-2　完全变态

（2）不完全变态

不完全变态分为三个阶段：卵、若虫和成虫。如蝗虫、蝼蛄、椿象和蚜虫。

不完全变态昆虫的卵和变态昆虫的一样，不再讲述。若虫和成虫形态和习性基本相同，只是若虫的翅未长成、性器官尚未成熟。

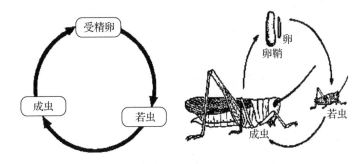

图5-3　不完全变态

2. 昆虫食性分类

①植食性昆虫。是指以植物为主要食物的昆虫。如蛴螬、蚜虫、菜蛾等。

②肉食性昆虫。是指以动物为食的昆虫。如寄生蜂。

③腐食性昆虫。是指以腐败的动物、植物或粪便为食的昆虫。如金龟子幼虫、蛆等。

3. 害虫种类

（1）蚜虫

蚜虫俗称腻虫、蜜虫。蚜虫虫体小，成虫有无翅蚜虫和有翅蚜虫。无翅蚜虫肥大、无翅。有翅蚜虫体细瘦，头胸部黑

色，有透明的翅 2 对。

1）症状及危害部位

蚜虫以成蚜、若蚜群聚于被害植物叶片背部、嫩叶、幼茎等处，用刺吸式口器吸取汁液，致使叶片卷曲，嫩叶形成皱褶，畸形。主要危害时期在 6 月上旬至 7 月上旬。

2）生活习性

蚜虫为孤雌生殖（卵不经过受精发育成正常个体的繁殖方式），繁殖力强。成蚜每年可繁殖 20 多世代。3～4 月份，青蒿苗期有翅蚜即可迁飞至幼苗上繁殖为害。5～8 月份，随着温度的上升，种植田里的蚜虫相继发生，迅速繁殖，扩张蔓延。10 月份，随着气温下降，有翅蚜迁飞到其他寄主植物上越冬。

3）防治方法

利用天敌防治蚜虫，蚜虫的天敌有瓢虫、食蚜蝇、草蛉、蚜霉菌等。

利用黄色粘虫板诱杀有翅成蚜，蚜虫对黄色有明显趋性，在有翅蚜集中迁飞阶段，田间放置黄色粘虫板可捕获大量有翅成蚜。

蚜虫发生初期，每亩用3%啶虫脒240毫升或速灭杀丁乳油 2000～3000 倍液，防治效果明显，持效期长。有翅蚜迁飞，立即喷施速效性杀虫剂，4.5% 高效氯氰菊酯乳油 2000～3000 倍液，迅速控制蚜虫。一般连续用药 2～3 次，每 10 天施用 1 次。小孔喷细雾（孔径 0.7～1.0 毫米），接触面大，黏着力强，在植株附着的药液量多，防治效果好，每亩药液用水量 30～50 公斤，要求均匀喷雾，叶片正、反两面都要喷到药液。

（2）小地老虎

1）形态特征

图5-4 蚜虫及其天敌（陈君摄）

成虫体长16~23毫米，翅展42~54毫米；额部平整无突起，雌蛾触角丝状、雄蛾双栉齿状；体翅暗褐色，肾形斑、环形斑及棒形斑位于其中，各斑均环以黑边；在肾形斑外内横线里，有一明显的尖端向外的楔形黑斑，在亚缘线内侧有两个短向内的黑斑，3个楔形黑斑尖端相对。

卵扁圆形，纵脊20~25条；初产时乳白色，渐变淡黄，孵化前褐色。

末龄幼虫体长37~50毫米，体色较深，背面有淡黄色纵带；臀板黄褐色，有两条明显的深褐色纵带。

蛹体长18~24毫米，红褐色至暗褐色，尾端黑色，有尾刺一对。

2）症状及危害部位

幼虫危害青蒿茎基部，将青蒿咬断，使整株死亡。

3）生活习性

小地老虎一年发生3~4代，老熟幼虫或蛹在土内越冬，早春3月上旬成虫开始出现。幼虫分六龄，一二龄幼虫昼夜均可群集于幼苗顶心嫩叶处，昼夜取食，危害不十分显著。三龄后分散，幼虫行动敏捷，白天潜伏于表土干湿层之间，夜晚出土从地面将幼苗植株咬断拖入土穴或咬食未出土的种子。五六龄幼虫食量大增，危害严重。

4）防治方法

定植前，可放杂草诱集地老虎幼虫，人工捕捉或拌入药剂毒杀。尚可以在傍晚将泡桐叶按每亩80~100张、蓖麻叶20~30张均匀撒放在青蒿地里。次日早晨，取出泡桐叶和蓖麻叶，人工捕杀幼虫。

采用黑光灯诱杀成虫或糖醋液诱杀成虫。取白酒125毫升、水250毫升、红糖375克、食醋500毫升、90%晶体敌百虫3克，将红糖和敌百虫用温水溶化，加入醋、酒拌匀即可。成虫期田间放置糖醋液诱蛾器即可诱杀。

1~3龄小地老虎幼虫抗药性差，可以用药剂防治。喷施90%敌百虫800倍液，6~7天后，再喷1次。

图5-5　小地老虎成虫

（3）黄蚂蚁

1）形态特征

图5-6　小地老虎幼虫

　　无翅型雌蚁：体长5~11毫米，体色多为棕黄色，全身被有短细绒毛。颈部呈卵圆形，两侧着生一对复眼，额上方呈倒三角形排列的单眼3个，触角膝状。胸部略近长桶形，中后胸背面隆起成面包状，有皱纹，三对足发达，粗壮有力。腹部为长椭圆形，较为粗大，腹部末端有螯针一枚藏于生殖孔内。

　　有翅型雌蚁：形态与无翅型雌蚁相似，有膜质翅二对，静止时覆盖于胸腹部。性成熟后，可与雄蚁交尾产卵，膜翅脱落。

　　雄蚁：全身黄褐色，形态略比雌蚁细小4~8毫米，头部稍小，触角较细，腹部略呈圆锥形，腹部末端外生殖器外露。有膜质翅二对。

　　工蚁：体长3~5毫米，外部体态与无翅雌蚁相似，复眼不发达，缺单眼，腹部末端无螯针。

　　卵：圆筒形，长0.3~0.4毫米，初产时呈乳白色，近孵化时变成半透明淡白色，表面光滑。

　　幼虫：初孵幼虫体长0.4~0.6毫米，无足，呈蛆状，乳

白色，前端稍细，多为弧形。

蛹：为裸蛹，初为乳白色，体长 2.5～3 毫米，宽 0.8～1 毫米。颈、胸、腹分节明显，缺翅芽。触角、足等附肢裸露，排列于胸前。

2）症状及危害部位

在青蒿移栽后一个月左右咬食青蒿植株，致使青蒿植株黄萎，影响青蒿正常生长，轻者植株生长瘦弱，重者植株因缺水萎蔫死亡。

3）生活习性

黄蚂蚁每巢有工蚁、蚁王和雄蚁。工蚁生存 9～10 周。该蚁一般不在户外筑巢。雌蚁、雄蚁深居穴内，工蚁为害作物。属杂食性，喜吃甜食，嗜食动物性血腥物质。此外，黄蚂蚁还能咬人。工蚁一旦找到食源，就会释放追踪信息素，使更多工蚁从蚁穴内爬出，为害作物。该蚁活动范围广，最大寻食距离可达 45 米。

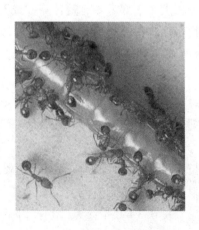

图 5-7　黄蚂蚁

4）防治方法

土壤施药：用 90% 敌百虫 1000 倍液施洒于青蒿栽培地，直接杀死或驱逐黄蚂蚁。

浇灌毒杀法：将 90% 敌百虫 1000 倍液、20% 杀虫双 1000 倍液浇灌在青蒿植株周围蚁洞中，杀死或驱逐黄蚂蚁。

发现病株用 90% 敌杀死 500 倍液浇灌植株杀死蚂蚁。

（4）菊花瘿蚊

1）形态特征

菊花瘿蚊成虫体长 3～5 毫米，初羽化时呈橘红色，渐变为黑褐色。前翅圆阔，具微毛，纵脉 3 条，后翅退化为衡棍。足黄色细长。腹部节间腹和侧膜黄色，腹节前 6 节粗短，后 3 节、4 节细长。卵长 0.5 毫米，卵圆形，初呈橘红色，后呈紫红色。末龄幼虫体长 3～4 毫米，橙黄色，纺锤形，头退化不显著，口针可收缩，端部具一弯曲钩，胸部有时有不大显著的剑骨片。裸蛹长 3～4 毫米，橙黄色，其外侧各具短毛 1 根。

2）症状及危害部位

菊花瘿蚊是青蒿毁灭性害虫，虫瘿大量发生时不易防治，菊花瘿蚊的虫瘿极易被误认为是青蒿花蕾和果实。菊花瘿蚊幼虫为害青蒿叶形成绿色或紫绿色、上尖下圆的桃形虫瘿，使青蒿生长缓慢、矮化畸形、叶片萎缩。

图 5-8 菊花瘿蚊为害状

3）生活习性

以老熟幼虫越冬。第二年3月化蛹，4月初成虫羽化，在青蒿幼苗上产卵，第1代幼虫于4月上旬、中旬出现，田间不久出现虫瘿，5月上旬虫瘿随幼苗进入田间，5月中旬、下旬第1代成虫羽化。卵散产或聚产在植株的叶腋处和生长点。幼虫孵化后经1天即可蛀入植株组织中，经5天左右形成虫瘿。随幼虫生长发育，虫瘿逐渐膨大。每个虫瘿中有幼虫1~13头。幼虫老熟后，在瘿内化蛹。成虫多从虫瘿顶部羽化，羽化孔圆形，蛹壳露出孔口一半，以后各代都在青蒿田内繁殖为害。第2代5月中下旬~6月中下旬发生；第3代6月下旬~8月上旬发生；第4代8月上旬~9月下旬发生；第5代9月下旬~10月下旬发生。第3~4代危害最为严重。10月下旬后幼虫老熟，从虫瘿里脱出，入土下1~2厘米处作茧越冬。

4）防治方法

青蒿苗期（4月中旬）移栽前喷施10%吡虫啉1000倍液或90%杀虫单500倍液或48%乐斯本1000倍液1次，可以防治第1代幼虫的出现；进行虫情调查，在种植地虫瘿初现期及时喷施上述农药（采收前15天内禁用）。

（5）白钩小卷蛾

1）形态特征

成虫翅展10厘米，下唇须略向上举，头、胸、腹部深褐色，前翅黑褐色，后翅和其缘毛皆呈黑褐色。

卵表布满花生壳状纹，初产时乳白色，以后变为桃红色。

幼虫体长形，虫体由白色变至浅褐色，初龄幼虫头部黑色，其他各龄头部褐色。

2）症状及危害部位

幼虫为害青蒿的根部和茎下部。幼虫孵出后，在细嫩茎柔软处取食，以后蛀入茎秆髓部，并顺着枝条向下蛀，可蛀入植株主茎，蛀道内充满黑色粪便及丝状物。被害嫩枝凋萎枯死，蛀断处发生侧枝，导致植株高矮不一，生长不良，主茎被害后导致风折，全株死亡。

3）生活习性

每年田间有 3 次产卵高峰，分别在 5 月底、7 月中旬、8 月下旬。

4）防治方法

成虫主要在傍晚至夜间羽化，青蒿地上部分收割后，留下的残茬是幼虫越冬的集中场所，应收集焚毁，可消灭大量虫源。

四、植物性农药的使用

目前，国内外在防治病虫害方面有许多种方法，但主要还是以化学防治法为主，然而由于化学农药长期过量和不合理使用，常常会引起人畜中毒、环境污染、杀伤天敌、破坏生态平衡，土壤中还会有大量农药残留，因而使栽培的作物体内也会有农药残留，如果长期食用这种高农药残留的农作物，会对人体产生不良的影响。中药材本身就是治疗疾病的药物，如果其中残留的农药超过规定的标准，重金属含量也超过标准，将会严重影响中药材的使用效果。

目前，食品药品安全问题已引起国内外广泛关注，2014年我国出台了史上最严的《食品中农药最大残留限量》（GB 2763—2014）标准。2000 年版《中华人民共和国药典》首次收录甘草、黄芪有机氯农残限量要求，直至 2015 年版《中华人民共和国药典》，均对甘草、黄芪有机氯农药最高残留限量

（简称 MRL）有要求。2005 年版《中华人民共和国药典》附录增加"拟除虫菊酯类农药残留量测定法""有机磷类农药残留量测定法"。《中华人民共和国药典》2010 年版一部规定了有机磷、有机氯和拟除虫菊酯共 3 大类农药的基本检测方法，项下规定了 4 个药材品种的 3 种有机氯类农药残留限量。2015年版《中华人民共和国药典》规定了人参、西洋参中有机氯等 16 种农药残留的检查项目，收载了"中药中有害残留物残留限量指导原则"，并在通则中推荐了 227 种农药残留量测定方法。我国制定的《中药材生产质量管理规范》（GAP）中也明确提出，在防治病虫害时，尽量少施用或不施用农药，以降低中药材的农药残留和重金属污染。

　　然而在栽培实践中，特别是在长期栽培过程中，植物必然要罹患病虫害，如果不进行防治势必会给生产造成极大的损失。为了解决这一问题，近年来国内外许多研究者和生产厂家从有毒植物的提取物中寻找新兴的农用杀虫剂，以减少化学农药带来的各种危害。目前，人们已发现某些植物中含有对昆虫具特异性杀虫活性的物质。这些物质是：①使昆虫忌避和拒食的物质。②使昆虫不育的物质。③有麻痹作用的物质。④有熏杀作用的物质。⑤具内吸毒杀活性的物质。

　　美国、德国、英国、日本、印度、俄罗斯、菲律宾、澳大利亚和缅甸等国家都在进行天然杀虫剂的研究，寻求天然、高效、低毒或无毒的新农药，防治农业、林业害虫，以保障农业丰收和人民健康，目前有许多植物农药已经从理论研究转入实际应用。

　　利用植物作为农用杀虫剂有许多优于化学农药的特点，它在空气中容易分解，无积蓄、无污染，昆虫不易产生抗药性，而且有些植物性农药还有刺激农作物生长的功效。在生产上，由于原料来自植物，成本相对较低，制作工艺也比较简单，因此已成为人们研究的重点。

我国研究和利用植物性农药防治病虫害也有悠久的历史。从《周礼》到《本草纲目》均有记载，如利用烟草、侧柏叶、雷公藤、狼毒等植物防治蚜虫及其他害虫。早在 1958 年我国就完成了《中国土农药志》，书中收集了 522 种土农药，其中植物性农药有 220 种。目前，据不完全统计，我国植物性农药有 297 种。国内外应用较多的植物性农药有鱼藤、除虫菊等。我国近年来由楝树皮中提取的天然农药"蔬果泽"，已投入批量生产。它一反化学农药的常规，通过引起害虫拒食、发育迟缓等生理变化，能有效杀死 200 多种农作物害虫，而对人畜、害虫天敌和周围环境安全无毒。再如，一种由苦参中提取的苦参素制成的植物杀虫剂，经试验证明，用其 1000 倍液喷雾，对蚜虫、菜青虫防治效率在 90% 以上，明显优于化学杀虫剂。再如，从废次烟草中生产的"毙蚜丁"对蚜虫的毒力是氧化乐果的 3.18 倍，而且对蚜虫的天敌——七星瓢虫没有任何毒害。

目前在防治青蒿病虫害方面，尚没有专用的植物性农药。作者在这里介绍几种常用的植物性农药，读者在防治青蒿病虫害时不妨一试。

1. 臭椿叶制剂

臭椿叶 10 公斤，加水 30 公斤，熬煮 30 分钟，取滤液，进行喷洒，可防治蚜虫等。

2. 桑叶制剂

桑叶 10 公斤，加水 50 公斤，熬煮 30 分钟，制成原液，

使用时每公斤加水 3 公斤进行喷洒，可防治红蜘蛛和蚜虫。

3. 乌桕叶制剂

把 10 公斤乌桕叶捣烂后加水 50 公斤，浸泡 24 小时，过滤后喷洒，可以防治蚜虫等。

4. 大蒜制剂

取大蒜 1 公斤，加少许水捣烂成泥状，加水 5 公斤，作为农药进行喷洒，可用于防治蚜虫等。

5. 银杏制剂

长期以来，银杏采收后其外种皮由于有恶臭气味而大量废弃，不仅污染了环境，而且其资源也没有得到充分利用。经人们对其毒性进行研究表明，它有较强的杀虫和灭菌作用。100 倍银杏外种皮乙醇提取液可对一些果树的炭疽病、果腐病有明显的抑制作用。20 倍银杏外种皮的乙醇提取液对尺蠖、蚜虫、黏虫等 11 种害虫有明显的杀虫效果。因此，银杏种皮可以作为防治青蒿病虫害的植物性制剂。

第六章　青蒿生产操作规程（SOP）的制定

一、《中药材生产质量管理规范》（中药材 GAP）

《中药材生产质量管理规范》是国家食品药品监督管理总局发布的具有法规性质的文件。

我国的中药材生产，目前还停留在比较落后的阶段。中药材的内在质量缺乏有效的控制，药材种质不清，种植、加工技术不规范，农药残留量严重超标，中药材质量可塑性不强，质量责任不明确；中药材质量低劣，抽检不合格率居高不下，野生资源遭到严重破坏。因此，目前中药材质量存在较大的问题。大家知道，在中药生产中，没有高质量的中药材，就不可能有高质量的中药饮片，也不可能生产出高质量的中成药。

《中药材生产质量管理规范》研究和规范的对象并不是中药材，而是活的药用植物和药用动物及其赖以生存的环境，也包括人为的干预。它既包括栽培、饲养物种，也包括野生物种。

《中药材生产质量管理规范》见附录一。

二、青蒿生产操作规程（SOP）的制定

《中药材生产质量管理规范》的制定与发布是政府行为，这一规范对于各种中药材以及各个生产基地都是统一的。但在具体栽培药用植物时，还需制定各项操作规程和质量标准。所谓"操作规程"是指各生产基地根据各自的生产种类、环境特点、技术状态、经济实力和科研实力，制定出切实可行的、达到《中药材生产质量管理规范》（GAP）要求的方法和措施。

中药材生产操作规程（SOP）的制定是企业行为，是企业指导生产的文件，同时也是企业研究的成果和财富，是检查和认证以及自我质量审评的基本依据，是一个可靠的追溯系统，也是研究人员、管理人员以及生产人员培训教材之一。

生产操作规程应在总结前人经验基础上，通过科学研究、技术试验来制定，并应经过生产实践检验，证明是可行的。制定出的生产操作规程要具有科学性、完备性、实用性和严密性，同时还要在以后的实践中逐渐完善。

各种中药材的生产操作规程由许多具体规程体现出来。目前许多中药材生产基地在制定各自的生产操作规程时缺乏统一的指南。为了帮助读者在今后青蒿栽培和生产过程中学会制定生产操作规程，我们提出一些制定青蒿生产操作规程的建议，供读者参考。

1. 青蒿生产基地自然环境条件说明书

在该文件中，首先要说明选择种植青蒿的理由，如本地区是否适宜青蒿生长，有无种植历史，在本地区种植是否可以保证青蒿质量符合要求，最好能提供青蒿药材质量资料。

说明书还应简要介绍该基地地形地貌、气候条件，同时说明基地土壤情况，包括土壤类型、土壤理化分析，特别要说明土壤中农药残留量和重金属含量是否超过规定标准。土壤检测标准按国家《土壤环境质量标准》（GB 15618—1995）进行，另一方面应对基地水质和大气进行评价，其检测应符合国家《大气环境质量标准》和《农田灌溉用水质量标准》。

2. 青蒿种子质量标准及操作规程

规程规定使用种子的基原、种子来源、种子质量要求，包括：种子形态特征、千粒重、发芽率、发芽势、含水量、纯度、净度、贮存方法等。

3. 青蒿整地操作规程

规程包括：整地方式，整地规格，秋翻地深度，基肥施用（肥料种类、亩施肥数量）。

4. 青蒿播种操作规程

规程应规定以下一些方面：种子处理（青蒿的种子是硬实性种子，播种前必须进行种子处理，应详细说明种子处理的方法）、播种时间、播种方法、播种深度、播种数量等。

5. 青蒿育苗移栽操作规程

规程包括亩保苗株数，种苗的分级标准（种苗的高度或达到移栽时，幼苗的形态指标），种苗移栽的操作规程等。移栽操作规程包括：移栽前幼苗的预处理、种植密度（株行距）、移栽方法、培土厚度、移栽时间，如需进行地膜覆盖，

应详细说明覆盖的具体要求及覆盖方法等。

6. 青蒿施肥、灌溉及田间管理操作规程

规程包括土壤肥力测定，作为合理施肥的依据。肥料的种类、施肥量、施肥时间和次数，是否使用各种生长调节剂，如使用需指明使用的种类、数量和使用时间和方法。

在灌溉管理方面，主要应制定出灌溉时间、次数和方法，特别是灌溉方法（如沟灌、浇灌、喷灌、滴灌等）对于灌溉质量有着重要的作用，应在科学实验的基础上提出。

在田间管理方面主要包括：间苗的时间、次数，间苗方法，株行距，亩保苗株数；中耕除草的次数、时间和方法，如用除草剂必须详细说明除草剂的性质，对栽培的植物有无危害和有无农药残留等；是否需要打顶，如需要进行，则必须说明打顶的时间和方法。

7. 病虫害防治和农药使用操作规程

规程包括：青蒿在本地区病虫害的种类，出现频率，危害程度。在规程中要规定使用农药的时间、数量和方法，要严格规定不能使用国家明令禁止使用的农药。并应规定检查土壤中农药残留和重金属残留的时间和方法，以确保生产的中药材合乎要求。

8. 青蒿采收、产地加工操作规程

药用植物的采收常常会引起很多复杂的环境问题和社会问题，必须具体问题具体对待。野生青蒿的采收应考虑野生资源的保护、品种的确认以及野外工作的必要防护等一些需注意的事项。

（1）野生青蒿的采收原则

采收野生青蒿必须获得所在国政府部门的采收许可证及其他相关文件，以不降低野生青蒿繁殖能力、不破坏其生长的自然环境、确保野生植物资源的可持续利用为基本原则。因此，采收之前应调查野生青蒿的数量和植被密度。

（2）采收许可

采收野生青蒿前应了解种植国的相关法律、法规，办理必要手续并获许可后方可采收。

（3）野生青蒿的植物学鉴定

负责青蒿野外采收工作的当地专家应接受过植物遗传学、生态学方面的教育和培训，具有野外工作的实践经验，应能准确辨别青蒿的形态学特征，必要时可通过化学方法确认青蒿的植物学鉴定结果。

（4）采收要求

不能采收高浓度杀虫剂或其他潜在污染地区的野生青蒿，如路边、排水沟、矿区、垃圾场及可能排放有毒物质的工业场所。

采收过程中应尽量去除杂质、异物，特别是有毒杂草，注意剔除已腐烂的青蒿。

采收时所用的工具如刀、剪、锯以及其他机械工具，应保持清洁并妥善保管，与药材直接接触的部位应避免使用过多的润滑油及其他污染物。

如果采收地距离加工场所较远，运输前需将青蒿晒干。

野外采收青蒿时，所有人员必须避免接触有毒的、可导致皮肤炎症的植物，有毒动物和传播疾病的昆虫，必要时应穿戴适当的防护服、手套等。

（5）采收前的人员培训

青 蒿 栽 培

专家应负责培训青蒿采收人员，培训内容应包括：青蒿实物、图片以及其他影像材料展示。专家还应监督工人的工作并负责全面的工作进展报告。野外采收人员应对青蒿有充分的了解，并能将青蒿与其他形态相似的植物区别开来。专家应对采收人员定期进行有关环境保护、物种保护及药用植物可持续采收等社会公益方面的全面培训。

（6）采收时间

青蒿素含量与采收时间密切相关，若未在最佳时间采收，将影响青蒿叶产量和青蒿素含量。

（7）青蒿药材的基本质量标准

①外观性状：颜色，绿色至棕绿色不等。气味，压碎的叶片有特异香气。味道，压碎的叶片味微苦。

②含水量：地上部分不得超过14%。叶不得超过13%。

③总灰分：地上部分不得超过8%。叶不得超过6%。

④酸不溶性灰分：地上部分不得超过1%。

⑤醇溶性浸出物：地上部分以无水乙醇作溶剂，不得少于1.9%。枝条和茎秆、叶不得超过10%。

⑥杂质：叶不得超过2%。

⑦青蒿素含量：叶至少含0.7%。

⑧储藏：保存于阴凉干燥处。

9. 青蒿质量分析操作规程

（1）药材杂质检测

取准确称量过的生药（P克），在白纸上薄薄散开，肉眼或放大镜下仔细检视，除去灰尘、粉末等杂质（以面粉筛筛出），杂质称重（a克）。

杂质百分比（$X\%$）计算如下：

$$X\% = a/P \times 100\%$$

（2）含水量检测方法

材料的准备：通常将待测物质粉碎成直径小于3毫米的小粒或碎片，长度和直径小于3毫米的材料则不需进一步处理。

取干燥至恒重的待测物质2～5克置平底称量瓶中，形成厚度不超过5毫米的均匀薄层，若待测物质质地疏松则厚度不超过10毫米，精密称重。去掉称量瓶的瓶塞，100～105℃烘箱中干燥5小时。打开烘箱后迅速塞上瓶塞，干燥器中冷却30分钟。精密称重并干燥后再放入烘箱中1小时，冷却、干燥后重复上述操作，直至两次连续称重所得的重量相差不超过5毫克。根据干燥后重量的减少值计算待测物质的水分百分含量。

（3）青蒿素含量测定方法

1）供试品溶液制备

精密称取干燥青蒿叶粉末1.0克，置50毫升索氏提取器中以石油醚提取，水浴中加热至提取出叶中的全部青蒿素。溶剂蒸干，残渣加氯仿（分析纯）1毫升和96%乙醇（分析纯）9毫升使其溶解，作为供试品溶液。

2）对照品溶液的制备

精密称取青蒿素标准品0.010克，加入96%乙醇（分析纯）10毫升使之溶解，作为对照品溶液。

按照薄层色谱法试验，硅胶G铺板（20厘米×20厘米），110℃展开2小时，3个样品点如下：

样品点1：吸取供试品溶液0.1毫升点样。

样品点2：吸取对照品溶液0.1毫升点样。

样品点3：吸取对照品溶液0.1毫升点样。

以甲苯-乙酸乙酯（95：5）为展开剂。展开后，取出硅

胶板，晾干，遮住斑点 1 和 2，在斑点 3 所在位置喷以 PAB 溶
剂（0.25 克对二甲氨基苯甲醛溶解于 50 毫升乙酸和 5 毫升
10% 磷酸溶液），确定青蒿素的位置。刮取斑点 1 和 2 相应位
置的硅胶（含青蒿素），同时刮取其他位置的硅胶（不含青蒿
素）作为空白样品。3 种硅胶粉末中分别加入 96% 的乙醇
（分析纯）1 毫升，小心摇动，加入氢氧化钠 9 毫升（0.05 摩
尔/升），小心摇动，在 50℃ 水浴中加热 30 分钟，过滤，紫外
线灯（292 纳米）下检视。

青蒿的完全干燥叶中青蒿素含量百分比计算如下：

$$\frac{D_t \times 100}{D_c \times P \times (100 - B)}$$

式中　D_t——供试品溶液的吸收光谱；

　　　D_c——对照品溶液的吸收光谱；

　　　P——青蒿干燥叶的质量（克）；

　　　B——100g 青蒿干燥叶的含水量。

10. 青蒿包装运输操作规程

（1）包装材料

包装用的材料应无污染、清洁、干燥、无破损，外层材料
应不易撕裂并符合药材包装的有关质量要求。无论何时，拟使
用的包装都应征得供求双方的同意。

可重复使用的包装材料如麻袋、尼龙网袋等，再次使用前
应进行清洁（消毒），彻底干燥，以防止先前所装物质的污
染。所有包装材料应保存在洁净、干燥的地方，这些地方应没
有害虫，并远离家禽、驯养动物和其他污染源。

（2）标签

每件产品的包装上均应标明品名、规格、原产地、批号、

包装日期、生产单位。标签上还应有质量合格的标志，并符合其他的国家和/或地区的标签要求。

标签上的批号应包含必要的相关信息，如质量、栽培日期、收割或采收日期以及种植者、采收者和加工者的姓名等，从而确保能够追溯到产品的来源。

（3）运输

承运大宗药材的运载工具应在装卸前后进行清洁并保持良好通风，从而去除干燥青蒿叶中的水分，并避免水汽凝结。

大宗运输时若发现虫害，仅在必要时才进行熏蒸，由经过批准或受过专门培训的人员使用熏蒸设备，且仅可使用原产国和最终使用国监督管理部门认可的已注册的化学药剂。

11. 青蒿储藏操作规程

在条件许可的地方，应将干燥的青蒿叶直接送到提取场所或工厂提取青蒿素。

由于化学结构中存在特殊的过氧化基团，青蒿素加热时不稳定。高湿度和温暖条件下储藏时，因存在还原性物质，青蒿素易分解。因此，青蒿叶应避免高温储藏。

收割或采收后，叶中青蒿素的含量会降低，储藏1年后将会失去其作为青蒿素提取原料的价值。

储藏场所应通风良好、干燥、避光，并应配有控制湿度的装置和防啮齿动物、防虫设施。地板应光滑、无裂缝、易清洁。药架应与地面和墙壁保持足够距离，以防虫害、霉变或腐烂。

收割或采收后的青蒿叶，最长储藏期限一般是6个月，超过这个期限则应检测叶中青蒿素的含量。

青蒿栽培

12. 文件管理操作规程

（1）生产管理文件

应按青蒿种植标准操作规程做相应的记录，青蒿生产涉及的所有操作、过程以及实施日期均应有文件记录，包括操作日期、操作者以及播种、移栽、施肥、使用杀虫剂、灌溉、采收等相关信息。所有熏蒸操作、熏蒸化学试剂以及操作日期均应有文字记录。

（2）质控管理文件

有关青蒿质控的所有信息均应有详细记录，如检验方法、送检单位、检验单位、检验项目、检验结果、检验日期、负责人的签字等信息。

（3）原始记录及其他

所有关于青蒿的原始记录均应存档，包括生产计划、完成记录、合同及书面协议等，至少保存5年。档案和公文应指定专人保管。

（4）进、出口许可文件

青蒿自原产国出口至别国时，应提供出口许可证、植物检疫证、《濒危野生动植物种的国际贸易公约》（CITES）许可文件及其他必要的许可证。

制定生产操作规程可以用表格形式说明。作者在这里推荐一种表格形式，供读者参考。

表格分为两种：生产表和报告表。

生产表是指导药材生产的表格，规定如何进行操作。

报告表是操作后的记录。

表 6-1　种子消毒生产表

	生产	页：	文件编号：
药材公司	育苗——种子处理		

消毒方法

一、消毒农药种类
二、消毒液配制
三、种子处理

制订人		制订日期	年　月　日	批准日期	年　月　日
				批准人	×××

表6-2 消毒方法报告表

药材公司	报告	页：	文件编号：
	育苗——种子处理		
消毒记录			

一、药液种类

二、配制数量

三、种子数量

四、处理时间

五、处理地点

六、操作人

七、种子去向

八、废液处理

记录人		记录日期	年 月 日	批准日期	年 月 日
				批准人	××××

表6-3 病虫害防治报告表

		报告	页:		文件编号:	
药材公司			病虫害防治			
病虫害防治记录						
地块号	疫情状况	防治方法		时间	效果	执行人
记录人		记录日期	年 月 日	批准日期	年 月 日	
				批准人	×××	

第七章 青蒿田间试验

一、田间试验目的

我国青蒿栽培历史较短，许多栽培技术问题还需要进一步摸索，以便取得更好的栽培技术和获得更优良的品种。因此，有必要在种植青蒿时，进行田间试验。

田间试验是在人为控制条件下，在田间对农作物进行的试验。我国农作物积累了许多田间试验的成果，然而青蒿栽培的田间试验进行的不多，还有许多生产问题，如品种问题、栽培技术、现代化管理问题、施肥问题、病虫害防治问题等都需要进一步进行田间试验，才能在大田中进行推广。

要想解决这些问题，不能单纯依靠经验，必须经过严格的田间试验。目前，广大药农积累了许多宝贵的栽培青蒿的经验，但许多经验并没有经过田间试验，因此在推广过程中，往往是事倍功半或难以推广。

从上面的介绍中不难看出，为了保证药用作物丰产和产品高质量，必须进行田间试验。

第一，通过田间试验寻找出最佳栽培技术措施，以保证大田生产科学化、合理化，并达到优质、高产、稳产的目的。

第二，通过田间试验逐渐培育出适合在一定地区、一定气候条件下生长的药用作物的优良品种。

第三，通过田间试验提出最佳的病虫害防治措施，从而保证在大面积病虫害发生时，能够采取有效的措施进行防治，并能保证避免过多农药残留等问题。

第四，为制定青蒿生产标准操作规程提供试验资料。SOP的制定是在田间试验基础上进行的。它的完善化、规范化都要依靠田间试验数据。如果不进行田间试验，就不可能制定出规范化、科学化、现代化的SOP，没有田间试验资料，SOP的验收和认证都无法进行。

由于目前药用作物产品质量还没有一个明确的检测程序，其产品质量标准还不能作为商品流通必要的检测手段，生产出的产品在市场上还有销路，故在药材生产上，田间试验尚没有引起药材企业和广大药农的重视。

田间试验工作是一项科学性强，技术难度大，经济效益一时难以见效的工作。这一工作除了依靠有关科研单位和大专院校完成外，作者认为更应该在广大药材生产企业和药农中提倡进行。

二、青蒿田间试验内容

1. 品种试验

品种试验是以药用作物品种为试验对象，通过试验比较后，确定最适合当地栽培条件的优良品种，以供生产使用。

药用作物品种和商品药材的品种是不同概念。商品上的品种实际是指商品种类，而农业品种则是指具有一定经济价值，遗传性状比较一致的栽培植物或家养动物群体。它是经过人类选择培育得到的。它能适应一定的栽培条件或饲养条件，在产

品品质和产量上较符合人类的要求。《中华人民共和国种子法》对品种的定义为："品种是指经过人工选育或者发现并经过改良，形态特征和生物学特性一致，遗传性状相对稳定的植物群体。"

每种作物都有许多品种，如小麦、玉米、水稻等以及一些蔬菜和果树作物，但是目前青蒿仅有少数几个品种。

品种是人们在长期生产实践中经过选择形成的，需要经过国家相应职能部门来认定。我国种子法规定"主要农作物品种和主要林木品种在推广应用前应当经国家级或者省级审定，申请者可以直接申请省级审定或者国家级审定"。

除了品种外，在这里还有几个概念需要向读者介绍。

（1）种质资源

种质资源也称为"遗传资源"。它是遗传学和育种学对一切具有一定种质和基因的品种、类型、近缘种和野生种的总称。我国种子法对种质资源解释为："种质资源是指选育新品种的基础材料，包括各种植物的栽培种、野生种的繁殖材料，以及利用上述繁殖材料人工创造的各种植物的遗传材料。"

对于青蒿来说，目前搜集野生青蒿种质资源非常必要。因为现在青蒿所用的种子，都是从野生种采集经过引种驯化来使用的。但是由于没有进行品种化繁育，栽培的青蒿会有退化严重的现象。因此，在进行品种试验时，采集不同地区野生种作为培育品种基本材料是非常必要的。

（2）品系

在作物育种学上，品系是指遗传性状比较稳定、一致，起源于同一物种的一群个体。不同品系是经过一定栽培试验并经过比较鉴定而形成的，其中优良者再经过多年繁育推广，即可成为品种。因此在进行药用作物品种试验时，首先应将栽培的药用作物培育成优良品系。

（3）地方品种

地方品种是指没有经过系统育种过程，而由农民长期栽培选择而形成的当地优良群体，农民习惯上把其叫作"品种"。这些品种一般栽培历史比较悠久，对当地自然条件已经适应，产品品质和产量都有一定优势，而且在当地已经作为优良种子进行使用，我们把它们称为"农家品种"。

了解了药用作物品种现状后，进行品种试验时，就应该采取以下步骤：

第一，建立青蒿种子圃，即把青蒿野生种子采集回来后栽培在种子圃中，同时也要把不同产地栽培的青蒿种子也采集回来栽培在种子圃中，进行试验观察比较。一方面逐步选择出适合当地用的种子，另一方面可以作为培育新品种的原始材料。

第二，品种试验应在土壤条件、温度、光照、水分条件相同的条件下进行。特别是土壤条件必须一致，尤其是土壤肥力状况一定要相同，否则其试验结果将是不可靠的。此外，在栽培技术措施上也必须一致，只有这样才能比较出品种的优势。

第三，品种试验首先要培育出优良种子。所谓"良种"有两个含义：一是指优良品种，二是指优良种子。目前大多数药用作物尚未形成品种和品系，我们可以通过品种试验选出优良的种子。

优良种子标准包括：种子饱满度、发芽势、发芽率和种子净度。

2. 栽培试验

栽培试验是将基因型相同的青蒿品种在不同栽培条件下进

行试验。目的是寻找出科学、合理的能够提高作物产品品质和产量的栽培技术措施。

植物一切性状都受两种因素影响，一种是植物本身遗传特性，另一个是植物所处环境。植物的许多性状可以从亲代传到下一代，这种性状由遗传物质——基因决定。基因是指存在于植物细胞内有自体繁殖能力的遗传单位。基因是具有遗传效应的脱氧核糖核酸（简称 DNA）片段。每种基因常常决定植物的一种或几种特性或形态特征。基因存在于 DNA 上，肉眼看不见。生物的性状受基因控制，如形态特征和生理特性。这些形态特征和生理特性被称为表现型。具有相同基因型的个体在不同环境条件下可以表现出不同的表现型，因此在进行栽培试验时，必须是相同基因型的作物，如果试验作物基因型不同，试验结果会不准确。

栽培试验因试验的目的不同可以分为密度试验，田间管理试验，施肥种类、数量和方法试验，灌溉方法试验，病虫害防治方法试验，收获期和收获方法试验等。

栽培试验可以一种目的为目标进行（称为单因素试验），也可以多种目的为目标同时进行（称为多因素试验）。

3. 品种和栽培技术相结合试验

这种试验是将基因型不同的作物品种在不同栽培条件下进行试验。这种试验一方面要考虑到不同品种自身的特点，同时也应在不同栽培条件下，如不同土壤类型，不同田间管理措施，不同施肥方法，不同病虫害防治措施下进行试验。

三、青蒿田间试验方法

1. 田间试验种类

（1）单因素试验

所谓因素是指我们在进行田间试验时采取的措施和试验目标，如品种、播种方法、施肥、灌溉、采收等技术措施都是一种因素。

单因素试验是指对一种技术措施（单因素）采取不同处理方法进行的试验。例如，为了搞清楚某一个药用作物耐肥程度，施肥量就是试验因素，试验中不同施肥量就是不同处理水平，而这时药用作物品种以及其他栽培管理技术措施则不是试验对象，它们在不同处理组都应该是一样的，不能有所不同。

单因素试验设计简单，目的明确，完成起来比较容易，得到的结果也容易分析。但是由于它只是研究一个因素的作用，因此不能了解其他因素对它的影响，也就是说不能了解几个因素之间的相互关系，那么在解决多个问题时，就显得不足。

例如，我们既想了解不同施肥量对于产量的影响，又想了解不同施肥期对产量的影响。如果采用单因素试验，我们只能了解各自的影响，而它们之间的关系就不容易了解。再如，进行青蒿施肥试验，我们采用了两种单因素试验：第一个试验是在幼苗期以不同施肥量进行试验，结果以 10 公斤/亩化学肥料效果最好；另一个试验是以 15 公斤/亩化学肥料在不同的生长时期施用，试验结果是在开花期产量最高。但在开花期施用 10 公斤是否也是这种结果就无法说明，还得再经过一年的试验。如果有 3 个或者 4 个因素的话，那就可能需要 3 ~ 5 年才

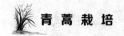

能完成，这就是单因素试验的缺点和不足。为了解决这一问题，就必须进行多因素试验。

（2）多因素试验

药用作物生产上出现的现象常常比较复杂，许多因素之间常有连带关系（我们称其为具有相关性）。这种情况下，单因素试验往往不能比较全面地说明问题，因此，在同一个试验中有必要包括两个或两个以上的因素。例如，不同品种与不同肥料关系试验，不同密度与不同肥料关系试验或者不同品种在不同播种期，进行不同播种量试验等。这种在同一试验中同时研究两个或两个以上因素的试验就叫作多因素试验。

在多因素试验中，各个因素可以分为不同水平，各个因素不同水平组合即为实验处理或处理组合，除设计的处理外，其他一切栽培管理也应该完全一致。

通过多因素试验，可以研究一个因素在另一个因素各个不同水平上的平均效应，还可以研究两个因素间的交互作用。采用多因素试验，有利于研究并明确与药用作物生长有关的几个因素间的相互关系，能够全面说明问题。从试验效率来讲，多因素试验也比单因素试验高。但在拟订这种试验方案时，由于试验因素较多，因此在设计时应该采取正交试验法。

（3）综合性试验

综合性试验也是一种多因素试验。它和多因素试验的不同在于其在因素和水平上不是相同的组合，而是不同的组合。其试验目的在于研究一系列试验因素某些组合的合作用，由于这种试验设计比较复杂，我们在这里就不详细介绍了，读者如果有兴趣可以参考有关田间试验设计的书籍或请教有关的技术人员。

制订试验处理方案必须具备准确性、代表性和规律性。所谓准确性是指在进行试验设计时必须避免人为造成的试验误差，使结果能有指导大田生产的作用；代表性是指试验处理方案应该符合本地区或基地实际生产条件和经济条件。例如，在进行肥料试验时，必须考虑土壤肥力高低，肥料来源及供应情况等。规律性是指在一定客观条件下进行的试验可以重复进行。如果我们进行的试验没有重复性，也就是说当再次进行试验时，得不到原来预期的结果，就表示原来试验存在着偶然性或者是由于人为误差或抽样误差得到的试验结果，不能说明我们进行的试验是有效的。

2. 试验中注意的问题

（1）根据试验任务选定

在制订田间试验方案时，应该根据试验任务选定用哪种因素试验，是单因素试验、多因素试验还是综合性试验。

拟订方案时，应该根据对试验提出问题的多少决定选用单因素试验还是选用多因素试验。这里提醒读者，如果选用单因素试验可以解决问题，就不要使用多因素试验。如果必须采用多因素试验时，也不要设计得过于复杂，以免对试验设计、统计分析和结果带来一定的困难。

（2）试验处理方案中处理水平

试验处理方案中处理水平应该力求明确、水平间差异要适当，使处理效应容易表现。

例如，在施肥试验中，如果各个施肥量水平相差过小，就很难得出指导性的结果，各有关水平的应用也难以表现出显著的差异，更不能找出最有效和最高限量的施肥量。再如，如果我们想了解土壤中磷肥有无效应，则只要进行施磷肥和不施磷肥两种处理就可以了。如果经过试验证明施用磷肥有效，那么

接着就可以进行不同量磷肥试验。

（3）对照组设置

进行田间试验必须设置对照组，对照组设置的目的是为了比较出试验组是否有效。在制订试验方案时，对照组处理一般是采用大田栽培时能够广泛使用的栽培技术措施。在进行任何试验中都应该设立对照组，否则就无法测定新品种和新栽培技术措施的优越性。

例如，有一个新引进的品种，通过试验认为其产量很高。但是如果没有一般品种作为对照同时进行试验，即使表现出高产性能，也很难判断其丰产性能究竟是由遗传性优良引起，还是栽培条件优越引起的。只有经过和原来品种进行对比，才能说明问题。

（4）单一差异原则

拟订实验方案时，必须在所比较的处理之间遵循单一差异原则。所谓单一差异原则是指在进行处理比较时，只看某一个因素不同水平之间的差异，所有其他处理条件都应该一致。

单一差异原则，在一般情况下是适用的。但是有的时候，要根据试验目的进一步确定。

例如，为了试验某种药用作物进行根外喷施磷肥增产效果，我们采取追施磷肥和不追施磷肥两种处理，这个试验完全可以说明追施磷肥效果。但如果我们要进一步了解追肥时，其中磷肥和清水各有什么效果时，这个试验方案就不完全了，这时就应该设计三个处理：①不施肥（对照）；②用溶解肥料同样量的水喷施；③用磷肥溶液喷施。

（5）预期效果分析和研究

为了使我们设计的试验方案能有理想的预期效果，在设计方案时，应当查阅一下有关文献，收集有关资料，或者请教有经验的专家或技术员进行研究讨论，对其预期效果进行分析和研究，使方案内每一组处理和不同水平设计都有科学依据，从而减少试验的盲目性。

3. 试验小区设计

（1）试验小区面积

田间试验的实施单位一般为小区。试验小区面积大小对于减少土壤差异影响和提高试验精确度有很重要的作用。

一般来说，我们在一定的试验范围之内进行试验，试验小区的面积增加，试验误差会减少，但是这种减少不是按比例的。如果每个试验小区的面积太小，由于土壤误差的影响，会使试验结果出现比较大的偏差。因为试验小区的面积过小，即有可能使得它们正好处在肥力较大或很小的地段，尤其是在有斑块状肥力的土壤中，更会出现这种差异。如果在较大的试验小区进行试验，由于小区面积扩大，在小区内可以同时包括"肥瘦"部分，因而小区间土壤差异程度相应缩小，从而降低了误差。

试验小区面积变动的范围为 60～600 平方米，示范性试验小区面积通常不应小于 1000 平方米。在确定一个具体的试验小区面积时，建议从以下几方面考虑：

①根据试验目的确定。进行栽培技术、灌溉和施肥试验的试验小区面积一般应大一些，进行品种试验的试验小区面积一般较小。

②根据药用作物的差别确定。种植密度大的药用作物试验小区面积可以小一些；高秆作物或种植密度小的作物试验小区面积可以大一些。

③根据试验田土壤差异程度确定。土壤肥力差异大的地

块，试验小区面积要大一些，土壤肥力差异小的地块，试验小区面积可以小一些。

④根据试验过程中取样需要确定。试验进行中需要田间取样进行各种测定时，由于取样会影响样本植株四周的生长，还会影响最后产量，因此试验小区面积一定要适当增大，以保证所需要收获面积。

⑤根据边际效应和作物之间生长竞争来确定。决定试验小区面积时，还有一个重要因素，就是要考虑边际效应和生长竞争大小。

什么是边际效应？边际效应是指试验小区两边或两端植株，因为占有比较大的生存空间而表现出的差异。边际植株一般产量都会比中间植株的高，有时产量可以增加100%。

什么是生长竞争？生长竞争是指相邻试验小区种植不同品种或施用不同肥料时，由于株高或生长期不同，会使一行或更多行受到影响，这种影响会因为不同性状及差异大小而有不同。

对于这些效应和竞争的处理办法是在试验小区面积上除去可能受影响的边行和两端，以减少误差。在每个试验小区究竟应该减去多少行则要根据边际效应和生长竞争程度以及作物种类而定。一般情况试验小区的每一边可以除去1～3行，两端可以除去30～70厘米。除去这些面积后，留下准备收获的面积称为收获面积或计算产量面积（计产面积）。观察记录和产量记录均应在计产面积上进行。

（2）试验小区形状

除了试验小区面积外，小区形状在控制土壤差异，提高试验精确度方面起着重要作用。

试验小区形状是指小区长度与宽度比例。一般情况下，长方形尤其是狭长小区能较全面地包括不同肥力土壤，相应地减少小区之间土壤差异，提高精确度。当我们了解了试验田肥力情况后，小区方向必须是使长边和肥力变化方向一致（图7-1），狭长性试验小区还有利于田间操作和观察记录。

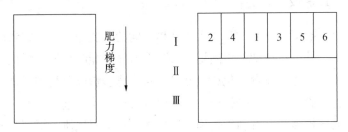

（Ⅰ、Ⅱ、Ⅲ代表重复，1、2、3、4、5、6代表试验小区）

图7-1　按土壤肥力差异确定试验小区的方向

　　试验小区长宽比可以根据试验田形状和小区数目、大小来确定。一般长宽比可以为（3~10）:1，最大可以到20:1。

　　在边际效应占重要地位的试验中，试验小区可以设计为正方形，因为方形小区具有最小周长，这样可以使受到边际效应影响的植株减少。进行肥料试验时，采用狭长形小区，处理效应往往会扩及邻区，采用方形或近方形小区较好，当土壤差异不明确时，采用方形小区也是比较好的，虽然不如狭长形小区有那样的精确度，但误差也不会太大。

　　（3）重复次数

　　一般来说，重复的次数愈多，试验误差就愈小，但是在实际应用时，并不是重复愈多愈理想。因为虽然重复次数多，误差可以减少，但其减小程度将随着重复次数的增加而减少。然而重复次数增加必然要消耗更多人力和物力，从经济效益来说，不必要地增加重复次数是不划算的。

四、青蒿田间试验记录

1. 意义

进行田间试验时，和大田栽培不同的是要进行深入细致的观察，并进行详细的田间记录。只有这样才能够系统积累试验药用作物生长发育变化、自然条件对作物影响以及我们所进行各种试验栽培技术措施产生的效应等资料，从而进行全面、深入的分析研究，有利于正确掌握作物生长发育规律，得到我们需要的试验结果。因此，田间试验观察和记录是进行田间试验一件十分重要的工作。

2. 取样方法

在观察时，不可能对所有试验对象进行观察，观察记录必须通过取样进行。没有正确的取样方法，会引起很大误差。取样要力求做到合理和有足够代表性。

在田间试验中一般采取 5 点取样法。具体做法是在每一个试验区内随机或按照对角线选取 5 点进行观察，如果试验区面积较小，也可以选取 3 点。在选点时原则上不应该有任何主观偏向，以免造成取样误差，不能反映出试验真实情况。

在取样时还应该根据具体情况加以调整。例如地边、粪底盘、缺苗断垄的地方，植株生长特殊，不能代表全面实际情况，哪怕是随机取样所在点也应该避开，另行取样观察。

3. 观察

取样应该有一定数量，如果取样数目过小，代表性不大；

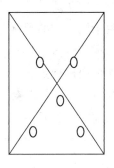

图 7-2 5 点取样图

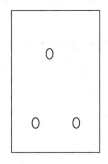

表 7-3 3 点取样图

取样过多，会浪费人力，增加不必要的工作量。取样数量要根据观察项目本身数值的大小来决定。例如，观察比较两个处理内植株高度，假定这两个处理内植株高度相差很大，就可以少观察几株；如果植株高度差别不大，就应该多观察几株。

取样观察有固定观察点和不固定观察点两种。固定观察点适用于长期观察内容。

①为了保证观察记录顺利进行，应该实行专人观察记录。对观察人员应该进行适当的栽培技术和观察技术培训，使他们

能够懂得观察要点和记录方法。

②同一个试验项目不同处理的观察记录工作，应该尽量在同一天完成。如果处理项目较多，观察记录内容较多，就应该把它们分成两批，在两天内进行观察。一定要注意，同一项目不能在两天观察。因为隔天生长情况会出现差异，会使观察记录内容发生变化。如果观察项目是在一定时期内进行，就应严格按照规定日期进行。在观察时，无论是哪种类型观察，一定要详细记录观察时间。

③为了提高观察记录水平和准确性，尽可能配备必要观察工具（如测量尺、放大镜等）和仪器设备（如温度表、湿度计、土壤速测箱等）。

④各项观察记录项目，要求做到记录及时、准确，避免发生差错；万一发生差错，一定要采取实事求是的态度，切记不要造假，或随意添加。如果无法补救，一定要说明原因，以便在总结时参考。

4. 气候条件观察记录

气候条件观察记录，对于了解作物生长发育动态有很重要的作用，如果没有气候条件记录，往往不能明确某些处理对于产量的影响。

正确记录气候条件，结合药用作物生长动态，研究两者之间的关系，就可以进一步探明原因，得出正确结论。气象观察可以在试验田内进行，也可以引用附近气象台（站）的资料。有关试验田的小气候，要由试验人员自己观察记录。对于一些灾害性气候，如霜、雹等以及由此而引起作物生长发育的变化，试验人员应及时观察记录，以供日后分析试验结果时参考。

下面介绍一份土壤温度、水分及气象观测记录表，供参考。

表7-1 土壤温度、水分及气象观测记录

年	初霜期			末霜期			
土壤温度				土壤含水量			
深度\日期	0厘米	5厘米	15厘米	深度（厘米）\物候期	0~5	20~25	40~45	55~60
5月5日				种子萌发期				
10日				第一片真叶期				
15日				第二片真叶期				
20日				分枝期				
25日				现蕾期				
30日				盛花期				
6月5日				果实成熟期				
10日				收获期				
15日				降雨情况记录				
20日								
25日								
30日								
7月5日								
10日								
15日								
20日								

 青 蒿 栽 培

土壤温度			降雨情况记录
深度 日期	0 厘米	5 厘米	15 厘米	
25 日				
30 日				
8 月 5 日				
10 日				天气情况记录
15 日				
20 日				
25 日				
30 日				
9 月 5 日				
10 日				
15 日				
20 日				
25 日				
30 日				
10 月 5 日				
10 日				
15 日				

5. 田间农时操作记录

任何田间管理和其他农时操作都在不同程度上改变了作物生长发育的外界条件，因而也会引起农作物发生相应变化。因

此，详细记录整个试验过程中的农时操作，如整地、施肥、播种、中耕除草等，把每一项操作日期、数量、方法等记录下来，有助于正确分析试验结果。这种记录就叫作田间管理档案。

表7–2 青蒿栽培田间管理档案

种别		种子来源		地形		土壤类型	
千粒重		发芽率			种子处理		
播种日期		播种方法			亩播量		
栽培方式		行距			株距		

田间管理	第一年		第二年		第三年	

防治病虫害	项目	第一年	第二年	第三年
	危害种类、情况、程度			
	防治措施和结果			

收获	日期	收获量	方法	叶产量	鲜重	干重	收获日期

续表

	种子费	肥料费	机耕费	农药费	全年用工量及费用	其他	总计
经济效益分析							
	产品等级		经济收入		盈亏情况	其他	

6. 作物生育动态记录和测定

作物生育动态记录和测定是田间试验观察记录的主要内容。在整个田间试验过程中，要观察记录作物物候期、形态特征、生物学特性、生长动态、经济性状等。同时在试验中还要进行一些生理、生化等方面的测定，以研究不同处理对作物内部物质变化的影响。

药用作物生育动态观察、记录是分析作物增产规律的重要依据之一，因此对于作物生育动态的观察记录也一定要由专门人员经过一定培训才能进行。

表7-3　青蒿物候期记录

产地_____　记录人_____

物候期	日期	状态
种子萌发期		
第一片真叶期		
第二片真叶期		
分枝期		

续表

物候期	日期	状态
现蕾期		
花期		
果实成熟期		
收获期		

第八章 青蒿的开发利用

一、青蒿的工业开发

生产青蒿素后，大量废弃茎秆、残渣和母液可提取和制备生物农药。如青蒿提取液防治田间小麦蚜虫，青蒿粗提物防治朱砂叶螨等。

青蒿素用有机溶剂提取后，浓缩母液里有十分丰富的叶绿素、青蒿醇、香豆素、黄酮、豆固醇、香固醇等，可用于生产浴皂、香波等日用品。例如，张家港芳香生物科技有限公司研制的"青蒿素药用皂"。

图8-1 青蒿素药用皂

二、青蒿的药膳

1. 青蒿粥

材料：青蒿 30 克，大米 50 克，白砂糖 30 克。

做法：将青蒿干品，放入锅内，加入适量清水，煮 20 分钟，去渣，再将大米洗净放入锅内，煮至大米熟烂，即可食用。

功效：清热退热，除瘴杀疟。对阴虚发热、恶性疟疾发热等，有较好的退热效果。阳虚发热者忌用。

2. 青蒿绿豆粥

材料：青蒿 5 克，绿豆 30 克，西瓜皮 60 克。

做法：将青蒿（或用鲜品绞汁）、西瓜翠衣共煎取汁去渣。将绿豆淘净后，煮为粥。待粥成时，将上述青蒿、西瓜翠衣汁兑入，稍煮即成。

功效：清暑泄热。适用于祛暑、除痱子。

3. 青蒿团鱼汤

材料：青蒿 10 克，团鱼 200 克，黄芪 10 克，蜂蜜。

做法：将青蒿、黄芪放入砂锅，加水煎汁，去渣取汁，同团鱼一同煎煮，煎半小时，待温度适宜时倒入蜂蜜即可。

功效：补血滋润、滋阴养颜，适合女性喝。

4. 青蒿枸杞鳖汤

材料：青蒿 10 克，枸杞 20 克，鳖 1 只。

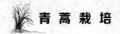

做法：将青蒿加水煎汁，去渣取汁备用，甲鱼洗净，将枸杞、冰糖、料酒、葱、姜放入腹中，放入砂锅，倒入煎好的药汁，再加些清水，用中火煮 1 小时，即可食用。

功效：解毒凉血，滋阴清热。

附录一 《中药材生产质量管理规范（试行）》

原国家药品监督管理局于 2002 年 4 月 17 日颁布

第一章 总 则

第一条 为规范中药材生产，保证中药材质量，制定本规范。

第二条 本规范是中药材生产和质量管理的基本准则，适用于中药材生产基地（以下简称生产基地）中药材（含植物药和动物药）生产的全过程。

第三条 本规范的实施对中药标准化、现代化起促进作用，并对中药材生产和各项标准操作规程的制定起指导作用。

第四条 生产基地应运用规范化管理和质量监控手段，保护野生药材资源和生态环境，坚持"最大持续产量原则"，保障资源的可持续利用。

第二章 产地生态环境

第五条 生产基地应按中药材产地适宜性优化原则，因地制宜，合理优化布局，并应重视"地道药材"和"原产地"概念。

第六条 生产基地的环境应符合标准：

 青 蒿 栽 培

生产基地空气应符合大气环境的二级质量标准；灌溉水质应符合农田灌溉水质量标准；土壤应符合相关二级质量标准；药用动物饮用水应符合生活饮用水质量标准。

第七条　药用动物养殖基地应满足动物种群对生态因子的需求及与生活、繁殖等相适应的条件。

第三章　种质和繁殖材料

第八条　对养殖、栽培的或野生采集的药用动植物，应准确鉴定其种、亚种、变种或品种，记录其中文名和学名。

第九条　对生产用药用植物种子、无性繁殖材料、菌种以及药用动物种仔必须进行科学鉴定，确定物种和来源。

第十条　为保证种子质量和防止病虫害及杂草的传播，种子生产及储运过程中应实行种子检验及检疫制度；根据不同植物种子的特性，规定保存方法及保存时间，严防伪劣及过时种子交易与传播。

第十一条　应按照动物习性进行药用动物的引种及驯化。捕捉和运输时应避免对动物的机体和精神损伤；引种动物必须严格检疫，并进行一定时间的隔离、观察。

第十二条　加强中药材良种选育、配种工作，建立地道药材良种基地，保护药用动植物种质资源，新品种应通过相应机构的鉴定、审核、批准。鼓励引进国外药用动植物优良种质，积极开展引种、驯化工作。

第四章　栽培与饲养管理

第一节　药用植物栽培管理

第十三条　根据不同种类药用植物生长发育要求，确定栽

培适宜区域,并制定相应的种植规程。

第十四条 根据不同种类药用植物的营养特点及土壤肥力,确定施肥种类、时间和数量。施用肥料的种类以有机肥为主,施肥方法以基肥为主,土壤施肥和叶面施肥相结合。

第十五条 允许施用经充分腐熟,达到无害化卫生标准的农家肥。禁止使用城市生活垃圾、工业垃圾及医院垃圾和粪便。

第十六条 根据不同种类药用植物不同生长发育时期的需水规律及气候条件、土壤水分状况,适时、合理灌溉和排水,保持土壤的良好通气条件。

第十七条 根据不同种类药用植物生长发育特性和不同的药用部位,加强田间管理,及时采取打顶、摘蕾、整枝修剪、覆盖遮阴等农艺措施,调控植株生长发育,提高药材的品质和产量。

第十八条 药用植物病虫害应采取综合防治策略。如必须施用农药时,应按照《中华人民共和国农药管理条例》的规定,选用高效、低毒、低残留和最小有效剂量,以降低农药残留和重金属污染,保护生态环境。

第二节 药用动物养殖管理

第十九条 根据不同种类药用动物生存环境、食性、行为特点及对环境的适应能力等,确定相应的养殖方式和方法,制定相应的养殖规程和管理制度。

第二十条 根据药用动物的季节活动、昼夜活动规律及不同生长周期和生理特点,科学配制饲料,定时、定量投喂。适时适量地补充精料、维生素、矿物质及其他必要的添加剂,不得添加激素、类激素等添加剂。

第二十一条 药用动物养殖，应视季节、气温、通气等情况适当调整，确定给水时间及次数。草食动物应尽可能通过多食青绿多汁的饲料补充水分。

第二十二条 根据药用动物栖息、行为等特性，建造具有一定空间的固定场所及必要的安全措施。

第二十三条 养殖环境应保持清洁卫生，建立消毒制度，选用适当消毒剂对动物的生活场所、设备等进行定期消毒。加强对进入养殖场所人员的管理。

第二十四条 药用动物的疫病防治，应以预防为主，定期接种疫苗。

第二十五条 要合理划分养殖区，并合理布局，对群饲药用动物要有适当密度。发现患病动物，应立即隔离。传染病患动物应立即处死火化或深埋。

第二十六条 根据养殖计划和育种需要，确定动物群的组成与结构，适时周转。

第二十七条 禁止将中毒、感染疫病的药用动物加工成中药材。

第五章　采收与初加工

第二十八条 野生或半野生药用动植物的采集应坚持"最大持续产量"原则，应有计划地进行轮采与封育，以利生物的繁衍与资源的更新。

第二十九条 根据植物单位面积产量或动物养殖数量及产品质量，并参考传统采收经验、季节变化等因素确定适宜采收期。

第三十条 采收机械、器具应保持清洁、无污染，存放在无虫鼠害和禽畜的干燥场所。

第三十一条 采收及初加工过程中应尽量排除非药用部分及异物，特别是杂草及有毒物质，剔除破损、腐烂变质的部分。

第三十二条 药用部分采收后，经过拣选、清洗、分级及修整、蒸煮等适宜的加工，需干燥的应迅速晒干、晾干、冻干、真空干燥及微波、远红外干燥等，并控制温度和湿度，使有效成分不受破坏。干燥器械必须清洁。

第三十三条 鲜用药材可采用各种冷藏、砂藏、罐贮、生物保鲜等适宜的保鲜方法，尽可能不使用保鲜剂和防腐剂，如必须使用时，应符合国家对食品添加剂的有关规定。

第三十四条 加工场地应清洁、通风，具有遮阳、防雨和防鼠、虫及禽畜的设施。

第三十五条 地道药材应使用传统的特别加工方法进行加工，如有改动，应有充分试验数据证实，不影响药材质量。

第六章 包装、运输与储藏

第三十六条 包装前应再次检查并清除劣质品及异物。包装应按标准操作规程操作，并有批包装记录，其内容应包括品名、规格、批号、重量、产地、工号、日期等。

第三十七条 所使用的包装材料应是无污染、清洁、干燥、无破损的，并符合药材质量要求。

第三十八条 在每件药材包装上，应注明品名、产地、日期、生产单位，并附有质量合格的标志。

第三十九条 易破碎的药材应装在坚固的箱盒内；毒性、麻醉性、珍贵药材应特殊包装，并应贴上相应的标记。

第四十条 药材批量运输时，不应与其他有毒、有害、易串味物质混装。运载容器应具有较好的通气性，以保持干燥，

并应有防潮措施。

第四十一条 药材仓库应通风、干燥、避光，必要时安装空调及除湿设备，并具有防鼠、虫、禽畜的设施。地面为易清洁地面。

药材应存放在货架上，与墙壁保持足够距离，防止虫蛀、霉变、腐烂、泛油等现象发生，并应定期检查。

在应用传统储藏方法的同时，应注意选用现代储藏保管新技术、新设备。

第七章 质量管理

第四十二条 生产基地应设有质量管理部门，负责中药材生产全过程的监督管理和质量监控，并应配备与药材生产规模、品种检验要求相适应的人员、场所、仪器和设备。

第四十三条 质量管理部门的主要职责：

1. 负责环境监测、进行卫生管理；

2. 负责生产资料、包装材料及药材的检验，并出具检验报告；

3. 负责制订培训计划，并监督实施；

4. 负责制订质量文件，并对生产、包装、检验等各种原始记录进行管理。

第四十四条 药材包装前，质量检验部门应对每批药材，按国家标准或经审核批准的中药材标准进行检验。检验项目应至少包括：药材性状与鉴别、杂质、水分、灰分与酸不溶性灰分、浸出物或标准提取物、指标性成分或有效成分含量。农药残留量、重金属及微生物限度均应符合国家标准。

第四十五条 检验报告应由检验人员、质量检验负责人签章，检验报告应存档。

第四十六条 不合格的中药材不得出场和销售。

第八章 人员和设备

第四十七条 药材生产基地负责人应有药学或农学、畜牧学等相关专业的大专以上学历，并有药材生产实践经验。

第四十八条 质量管理人员应有中专以上学历，并有药材质量管理经验。

第四十九条 从事中药材生产的人员都应具有基本的中药学、农学或畜牧学常识，并接受生产技术、安全及卫生学知识培训。从事田间工作的人员应懂得培植技术，特别是农药的施用和防护技术；从事养殖的人员应懂得饲养技术。

第五十条 从事加工、包装、检验人员应通过健康检查，患有传染病、皮肤病或外伤性疾病等不得从事直接接触药材生产的工作。药材生产基地应配备专人负责环境卫生及个人卫生检查。

第五十一条 对从事中药生产的有关人员应按本规范要求，定期培训与考核。

第五十二条 药材生产基地应设有可冲洗的厕所或盥洗室。

第五十三条 药材生产基地生产和检验用的仪器、仪表、量具、衡器等其适用范围和精密度应符合生产和检验的要求，有明显的状态标志，并定期校验。

第九章 文件管理

第五十四条 生产基地应有生产管理、质量管理的各项标准操作规程。

第五十五条 每种中药材的生产全过程均应详细记录，必

要时可附照片或图像。记录应包括：

1. 种子、种物和种仔的来源；

2. 生产技术与过程：（1）药用植物播种的时间、数量及面积；育苗、移栽以及肥料的种类、施用时间、施用量、施用方法；农药中包括杀虫剂、杀菌剂及除莠剂的种类、施用量、施用时间和方法等。（2）药用动物养殖日志、周转计划、选配种记录、产仔或产卵记录、病例病志、死亡报告书、死亡登记表、检免疫统计表、饲料配合表、饲料消耗记录表、谱系登记表、后裔鉴定表等。

3. 药用部分的采收时间、采收量、鲜重和加工、干燥、干燥减重、运输、储藏等；

4. 气象资料及小气候的记录等；

5. 药材的品质评价；药材性状及各项检测的记录。

第五十六条 所有原始资料、生产计划及执行情况、合同及协议书等均应存档，至少保存 5 年。档案资料应有专人保管。

第十章　附　则

第五十七条 本规范所用术语：

（一）中药材　是指药用植物、动物的药用部分采收后经产地初加工形成的原料药材。

（二）中药材生产基地　是指具有一定规模，按一定程序进行药用植物栽培或动物养殖，药材初加工、包装、储运等生产过程的单位（包括集约经营的基地、商品药材基地、制药原料基地等）。

（三）"最大持续产量"　即不危害环境生态，可持续生产（采收）的最大产量。

（四）地道药材　传统中药材中具有特定的种质、特定的产区或特定的生产技术和加工方法所生产的中药材。

（五）种子、菌种及繁殖材料　指植物可供繁殖用的种子、种苗等各种器官、组织、细胞，菌物的菌丝、子实体等，动物的种物或仔、卵等。

（六）新品种　包括人工培育出的新品种、由境外引进的、我国未曾药用过的或生产过的物种（或种以下等级）。

（七）病虫害综合防治　从生物与环境整体观点出发，以预防为主的原则，本着安全、有效、经济、简便、因地制宜，合理运用生物的、农业的、化学的方法及其他有效生态手段，把病虫的危害控制在经济阈值以下，以达到提高经济效益和生态效益之目的。

（八）半野生药用动植物　指野生或逸为野生的药用动植物，辅以适当人工抚育和中耕、除草、施肥或喂料等管理的动植物种群。

第五十八条　本规范由国家药品监督管理局负责解释。

第五十九条　本规范自发布之日起试行。

附录二　关于批准对酉阳青蒿实施地理标志产品保护的公告

国家质检总局公告（2006 年第 170 号）
发布日期：2006-11-30
执行日期：2006-11-30

根据《地理标志产品保护规定》，我局组织了对酉阳青蒿地理标志产品保护申请的审查。经审查合格，现批准自即日起对酉阳青蒿实施地理标志产品保护。

一、保护范围

酉阳青蒿地理标志产品保护范围以重庆市人民政府《关于界定"酉阳青蒿"地理标志产品保护范围的函》（渝府函〔2006〕81 号）提出的范围为准，为重庆市酉阳县钟多镇、龙潭镇、麻旺镇、沿溪镇、西酬镇、后溪镇、大溪镇、兴隆镇、黑水镇、苍岭镇、龚滩镇、丁市镇、小河镇、李溪镇、板溪乡、铜鼓乡、涂市乡、江丰乡、腴地乡、车田乡、偏柏乡、五福乡、可大乡、木叶乡、毛坝乡、花田乡、双泉乡、庙溪乡、浪坪乡、清泉乡、两罾乡、天馆乡、后坪乡、万木乡、宜居乡、官清乡、板桥乡、楠木乡、南腰界乡等 39 个乡镇，黔江区石家镇、两河镇、濯水镇等 3 个镇，秀山县溶溪镇、龙池镇、石堤镇等 3 个镇，彭水县鹿角镇、桑柘镇等 2 个镇共计

47 个乡镇所辖行政区域。

二、质量技术要求

（一）品种

黄花蒿（*Artemisia annua* L.）。

（二）立地条件

海拔 300～800 米的低山、高丘地区，选择向阳的平地、缓坡或阶地种植，要求土壤保水保肥性能好，pH 6～7，有机质含量≥1.3%。

（三）栽培管理

1. 种子要求：选用青蒿素含量≥10‰酉阳原产黄花蒿优良株系在隔离条件下繁育种子。

2. 育苗：每年于 1 月上旬至 2 月中旬采用地膜覆盖保温育苗。

3. 假植：在幼苗具有 8 至 10 片真叶时假植培育壮苗。

4. 移栽：每年 3 月底至 4 月上、中旬，选择晴天傍晚或阴天移栽，每 $667m^2$（亩）定植 1000 至 1200 株。

5. 肥水管理：足施底肥（牛渣肥、鸡粪、菜饼加磷肥），早施促苗肥（清粪水、芸苔素类叶面肥），追施抽茎肥（专用高钾复混肥），重施分枝肥（专用高钾复混肥），补施花果肥（硼肥、磷酸二氢钾、芸苔素类叶面肥）。

6. 病虫害防治：综合防治，禁止施用高毒、高残留农药及有机磷类农药。

（四）采收

8 月上旬至 9 月上旬在青蒿植株进入花芽分化末至现蕾初期，选晴天 9 时至 16 时及时采收。

（五）加工

自然晾晒干燥或 38℃ 以下人工干燥，至蒿叶含水量 ≤13%，去枝梗收叶储藏。

（六）质量特色

理化指标：产品叶片≥97.0%，含水量≤13.0%，总灰分 ≤8.0%，酸不溶性灰分≤1.0%，杂质≤1.0%，青蒿素 （$C_{15}H_{22}O_5$）含量：特级品≥9.0‰；一级品≥8.0‰；二级品 ≥7.0‰。

三、专用标志使用

酉阳青蒿地理标志产品保护范围内的生产者，可向重庆市 质量技术监督局提出使用"地理标志产品专用标志"的申请， 由国家质检总局公告批准。

自本公告发布之日起，各地质检部门开始对酉阳青蒿实施 地理标志产品保护措施。

特此公告。

国家质量监督检验检疫总局

二〇〇六年十一月三十日

参 考 文 献

［1］王良信．实用中药材田间试验手册［M］.北京：中国医药科技出版社，2003.

［2］李隆云，等．青蒿栽培关键技术（彩插版）［M］.北京：中国三峡出版社，2006.

［3］苏世东，陈远昭，陈德素，等．青蒿高产栽培技术［J］.中国农技推广，2007，（12）：28–29.

［4］张永明．青蒿的栽培管理及病虫害防治［J］.植物医生，2006，19（6）：29–30.

［5］孙年喜，李隆云，崔广林．黄花蒿的开花特性与繁育系统研究［J］.中国药房，2013，24（27）：2572–2574.

［6］杨永康，向极钎，覃大吉，等．青蒿新品种选育及优质高产栽培技术［J］.农技服务，2009，26（7）：115–116.

［7］韦中强，李成东，肖杰易，等．青蒿栽培技术研究［J］.现代中药研究与实践，2011，25（2）：6–8.

［8］任振宇．中药青蒿的历史沿革及药理临床新进展［J］.天津药学，1993，5（1）：33–35.

［9］陈德素．青蒿栽培技术操作规程［J］.现代中药研究与实践，2010，24（1）：12–16.

［10］傅德明．青蒿生物学特性及规范化栽培技术［J］.中国农技推广，2005，（12）：34–35.

［11］周英平．黄花蒿资源的研究进展［J］.国土与自然资源研究，2006，（3）：93–94.

［12］王三根，梁颖．中药青蒿的生态生理及其综合利用［J］.中国野生

植物资源，2003，22（4）：47 – 48.

［13］王秀梅，张立新，毛焕胜，等 . 四种药剂对芦蒿白钩小卷蛾的防治效果［J］. 上海蔬菜，2006，（05）：74.

［14］赵丕兵，谭菊 . 青蒿提取液防治田间小麦蚜虫效果初报［J］. 中国农学通报，2011，27（01）：247 – 250.

［15］周宇杰，丁伟，王春升 . 青蒿粗提物对朱砂叶螨生物活性的初步研究［J］. 西南农业大学学报（自然科学版），2006，28（2）：305 – 308.

［16］陈君，徐常青，乔海莉，等 . 我国中药材生产中农药使用现状与建议［J］. 中国现代中药，2016，18（3）：263 – 270.

图书购买或征订方式

关注官方微信和微博可有机会获得免费赠书

 淘宝店购买方式：
直接搜索淘宝店名：**科学技术文献出版社**

 微信购买方式：
直接搜索微信公众号：**科学技术文献出版社**

 重点书书讯可关注官方微博：
微博名称：**科学技术文献出版社**

 电话邮购方式：
联系人：王　静
电话：010-58882873，13811210803
邮箱：3081881659@qq.com
QQ：3081881659

汇款方式：
户　名：科学技术文献出版社
开户行：工行公主坟支行
帐　号：0200004609014463033